U0227185

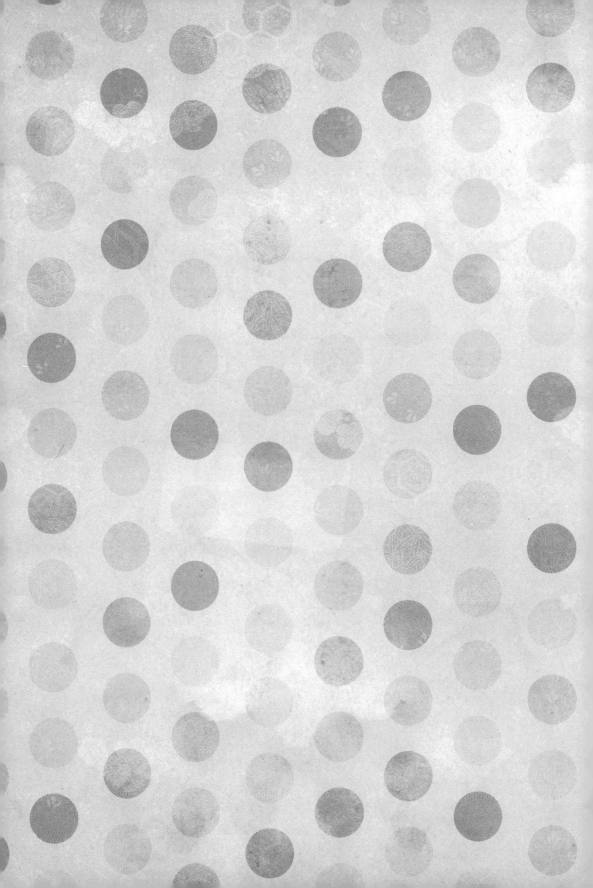

克里斯汀育儿经

（美）克里斯汀·柯
Christine Koh 著

（美）阿萨·多恩菲斯特
Asha Dornfest

岑艺璇 译

Minimalist parenting

吉林科学技术出版社

图书在版编目（CIP）数据

克里斯汀育儿经 ／（美）克里斯汀，（美）多恩菲斯特著；
岑艺璇译. — 长春：吉林科学技术出版社，2013.10
ISBN 978-7-5384-7227-1

Ⅰ．①克… Ⅱ．①克… ②多… ③岑… Ⅲ．①婴幼儿
—哺育—基本知识 Ⅳ．① TS976.31

中国版本图书馆 CIP 数据核字（2013）第 238655 号

Copyright©2013 by Christine Koh and Asha Dornfest
First published by Bibliomotion,Inc.,Brookline,Massachusetts,USA.
This translation is published by arrangement with Bibliomotion,Inc.
through Andrew Nurnberg Associates International Limited

图 07-2013-4217

克里斯汀育儿经

著　克里斯汀·柯，阿萨·多恩菲斯特
译　岑艺璇
出 版 人　李　梁
责任编辑　孟　波　端金香　杨超然
封面设计　长春市一行平面设计有限公司
制　版　长春市一行平面设计有限公司
开　本　710mm×1000mm　1/16
字　数　300千字
印　张　18.5
印　数　1—8000册
版　次　2014年8月第1版
印　次　2014年8月第1次印刷

出　版　吉林科学技术出版社
发　行　吉林科学技术出版社
地　址　长春市人民大街4646号
邮　编　130021
发行部电话/传真　0431-85635177　85651759　85651628
　　　　　　　　　85677817　85600611　85670016
储运部电话　0431-86059116
编辑部电话　0431-85642539
网　址　www.jlstp.net
印　刷　长春新华印刷集团有限公司

书　号　ISBN 978-7-5384-7227-1
定　价　32.00元

如有印装质量问题　可寄出版社调换
版权所有　翻印必究　举报电话：0431-85642539

来自专家的推荐

克里斯汀·柯和阿萨·多恩菲斯特的《克里斯汀育儿经》令读者赏心悦目，其视角不同于一般的说教，深受读者欢迎。"关注简约、自我认知、友好与信赖，对做家长的来说，它是一种工具，重要之处在于，它能够为你在家庭生活中出谋划策。"

——安德莉亚·布坎南，其作品《女孩的游戏书》被纽约时报评为最畅销图书

"对于那些家里乱事缠身、育儿无方、手足无措的家长，这本书无疑是个无价之宝，可以让你的家庭更和睦、更有活力。"

——格雷琴·罗宾，其作品《让家庭更快乐的幸福工程》被纽约时报评为最畅销图书

"有人说，做父母的就是对孩子宠着、看着、磨着、烦着并计划着！但这本书没有这些字眼。但在这里，与'跑步机'说声再见吧，让我们一起来拥抱快乐、非凡的空间和自由自在的时光。"

——斯诺·斯科纳兹，《放养孩子》的作者

"思路清晰、案例切题，体现出二位作者深邃的智慧，《克里斯汀育儿经》有助于你确定你的家庭所需，知道如何来满足这种需要。读过这本书后，你会对家庭的现状的大胆地说'不'，也能够为构建美满的生活找到途径。"

——加布里埃尔·布莱尔，《如何成为父母》的作者，也是"高调者"的创始人

《克里斯汀育儿经》作者克里斯汀和多恩菲斯特以敏锐视觉呈现了一种生活方式，让做家长的生活不再紧张兮兮。这是一本实用的、综合的工具书，同时，你也可以把它视为是一个友善的、有帮助的、乐观的朋友。如果"受尽折磨"的父母没有时间读它，那也正是你受折磨的根源所在。

——凯瑟琳·奥茨门特，波士顿杂志资深总编

"对于无法回避的家庭问题，对抚养孩子的焦虑，作者采用了平静的语调娓娓道来。"

——克里多科特罗，畅销书《小兄弟》的作者

"这是个好主意，由一流的育儿博客博主克里斯汀·柯和阿萨·多菲斯特所著的这本书，一方面让我分享经验和教训，同时也能听到其他博主不同的、充满智慧的声音，让我们知道如何简化生活，让做父母的享用每一天、每一刻。尤其是关于如何进行梳理方面的一些建议令我深受启发。

——埃伦·格林斯基，"家庭与工作学院"院长，同时也是《关注执行力》的作者"

"育儿方面，事半功倍。但如何能"事半"呢？"事半"指的又是什么？在本书中我们找到了答案，育儿不仅需要你的方式、你的安排所体现的态度，更需要的是你的价值观。"

——凯瑟琳·森特，《不幸中的万幸与人人之美》的作者

"克里斯汀·柯和阿萨·多菲斯特并不理会所谓的'专家式'育儿宣传，她们鼓励父母相信自己能够胜任。《克里斯汀育儿经》就时间管理和愿景方面提供了更明确的提示。"

——克里斯·安德森，曾任"有线"杂志的主编，并且是GeekDadde 创始人

"当我们体现自己的创造力时，会要求自己'开天辟地'。这本生动的育儿指南，信息含量大，克里斯汀·柯和阿萨·多菲斯特以一种实用的、有启发的方式为你及你的家庭能'茁壮成长'创造了空间。读了这本书，你会成为一个更快乐的人。"

——艾玛·莱维蕾，《做父母的丰富情感与艺术家的方式》的合著者

（另一位作者是茱莉亚·卡梅伦）

"当我读到'与丰富进行较量'这句短语时，我知道克里斯汀和阿萨在有所作为。《克里斯汀育儿经》正是急你所急的一本书。在小栏目中摘自我欣赏的博主的经典语句，对为人父母如何处理不可避免的'弧线球'时，这个对初为人母的人很有启迪。"

——乔瑞·德丝·贾汀女性社区式网站BlogHer的创始人之一，并且是2个孩子的母亲

"如果你想知道如何成为一名简约主义的家长，你需要拿出极繁主义的时间和精力去热爱你的家庭和生活。我对阿萨·多菲斯特和克里斯汀·柯及这些指导深信不疑。这本书是一个标新立异的好书！"

——克里斯·布罗根，《人类商业作品》杂志首席执行官，《碰撞方程》的作者

"《克里斯汀育儿经》对那些凡事必做计划、过于紧张、过于疲惫的家庭是一种解决方案。针对不同情形提供了实用的提示、技巧和捷径。指导现代的父母，鼓励他们放开手脚。不要患得患失，创造一个合理的机制来育儿。"

——艾琳·隆克娜，"人类设计"及"迷你设计"的创建人

"《克里斯汀育儿经》的目标是绝妙地简单——原则是让快乐多一点、烦恼少一些。在育儿方面，这样的书并不多见！读读它可以让我更自信。"

——希德·弗雷特和惠特尼·慕斯，"初为人母""510个家庭"系列丛书出版方，也是《每一个妈妈必读》和《初为人母手册》的作者

"当我正在与学校、运动、音乐、吃饭、社会环境抗争时，当时有这本书该多好！有那么多的提示和案例，告诉人们如何获得快乐，如何去'简约'。我会始终拿着它的！"

——金妮·伍尔夫，"一体活动"战略关系高级董事

"《克里斯汀育儿经》对于以下父母是一本必读的书：感觉生活大起大落，生活处于失控的状态。克里斯汀和阿萨那里可以学会如何减少生理性的和精神性的杂乱，对主要的事项区分主次，一切都可以解决！"

——艾琳·凯恩和克里斯·布罗根，"疯狂母亲博客"的共同拥有人

这本书中含有大量的真诚且实用的建议，它有助于父母能采取明智之举。他不是一本同质化的育儿书籍，这一点非常难得，你可以把它视为是一种战略指南，它有助于你的家庭幸福并使家庭生活走向正轨。

——C·C·查普曼，《令人惊异的事将发生》的作者，同时也是"数字爸爸"的创始人

"《克里斯汀育儿经》是一本了不起的书，少见并且信息量大：对你育儿有切实的帮助。对那些处于困扰中的父母，对那些对"专家"建议感到困惑的父母，阿萨和克里斯汀为这种'极速'的文化给予确认、支持并提供了无法估量的配重。"

——柯瑞·皮特曼，《种植蒲公英——半家庭种植方式的现场记录》的作者

"在一种无法承受的文化中，《克里斯汀育儿经》对你发现重要的定位提供了帮助。柯和多菲斯特帮助你滤掉噪音，让你及家庭关注最重要的事情。这本书好似一个热情的拥抱，让你看到一切都没问题。"

——伊莎贝尔·卡尔，"初为人母"的创始人

克里斯汀·柯和阿萨·多菲斯特非常专业地向我们展现了一个快节奏的年代，简约不是唯一可做的，但却是令任何家庭整体上都能受益的，并且令人满意。

——珍妮弗·詹姆斯，"妈妈博客俱乐部"和"妈妈社会博主"的创始人

"在这个时代，做父母的总是不断地发出加速的信号，只要醒着就要做计划，直到最后，有人说，一切都ok，可以慢下来啦，这时才发现孩子的时间被挤占了，对于'坐直升机'的父母，他们无法慢下来，《克里斯汀育儿经》是一个受人欢迎的停机坪。"

——大卫·皮尔，《下一个方案：那天最令人着迷的新闻》的作者

前言

　　当你回首往事的时候，应该说，生活大多是美好的。你有一个令人羡慕的家庭，舒适的住房，很多发展机会让你对未来充满希冀。但生活并非是完美的，有许多问题等待解决，尽管如此，总体上仍然是好的。

　　为什么在不如意时，你总是想抱怨抱怨？家庭生活总有不如意的时候，这时正是你会发脾气的场合：满满的日程安排、房间杂乱、头脑混乱。这个时候，让你感觉到生活中美好的事物在脑海里被什么重要的东西给挤出去啦，那么它是什么呢？

　　事实上，很多家庭都在与缺乏安全感、机遇少做斗争。你环顾一下四周，每个人都在为美满的家庭生活积极地努力。也许，当你认为这也算个问题时甚至会觉得自己有点蠢。可是，你会发现你会因为某些事情做得不够而担心，并为之困扰，而且一旦懈怠，你又担心孩子失去成功、快乐或其他方面的机会，虽然你并不确定它是什么，但是你又不能为此冒险。

　　我们都已经历，我们现在还会遇到。但是，我们已经找到一种方法，它可以驾驭现在育儿环境下面临的顾虑、内疚和无助等内在的问题，在这里向你娓娓道来，它最重要的地方在于乐趣，我们把它称为极简主义育儿法。

目录

3   极简主义育儿的时间管理技巧

4   对待个人物品的全新思维模式

5 杂乱无章到整洁一新：为家"瘦身"

6 简约生活的理财之道

7 与孩子一起嬉戏：简单有趣

8　校内和校外的教育

9 将校园生活化繁为简

10 校园之外：拓展活动和校外课程

11　现实生活的膳食计划

12　化繁为简，快乐用餐

13 庆典和度假：麻烦少，乐趣多

14 做简约的自己

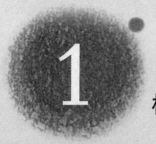

极简主义育儿之路

踏上极简主义育儿之路的第一步就是要敞开胸怀，接受一种全新的理念，这种理念对现代育儿观念中凡事都"多多益善"的想法是一种挑战。在极简主义育儿道路上，在对自己身边各种限制与假设进行重塑的过程中，你会看到自己理想中的生活画卷在眼前慢慢展开。接下来，书中给出了走上极简主义育儿道路所需的态度和观点上的转变。

给"专注"倒出空间

说到指南针，箭头所指才是真正的北极。想让生活充满阳光，必须要去除充盈的阴霾。道理很简单，说起来也很平实，然而，在生活中的效果是非凡的。

生活中太多的事情需要操心，比如说：需要买的生日礼物，需要制订的计划，需要安排的课后活动。养育子女方面，时代给你的最大红利是选择多多，反之，家庭生活的每个方面都面临无数的选择。

但是，太多太多的选择只能逼着你越来越难地作出决定，促使你的生活变得越发"专注"。你一定经历过：在药房，望着堆积如山的感冒药，想着卧病在床、发着高热的孩子，你不知所措地呆立在那，足足有15分钟，心里盘算着，哪种药物更适合孩子？选哪种呢？15分钟听起来不多，但是，你每天在选择中徘徊、失控的时间和注意力累加在一起是多少？每月呢？算一下吧。不仅如此，事事都留下阴影，长此以往会神经错乱的。

一个人，如果事事深究，其结果是淡化了自己的需要，花更多的时间去探究细节。在探究最佳答案的过程中，我已经学会了简化它，除了对待我最喜欢的工作之外，其他则随遇而安。学会放开，对待时间和心理空间就像对待氧气和大脑一样。

极简主义育儿的抚养方式讲的是如何"编辑"生活。你不觉得你的时间和注意力被细节一点点吞噬，很可惜吧？你正在淘金，金块的光芒若隐若现，它被泥沙所裹挟，让我们洗掉泥沙吧！在你"编辑"的时候，"删除"这种不必要，这里所说的不必要，指的是实际存在的客体，也可以是某项活动或是一种心理预期，也可以是某些人，总之，你要为"专注"倒出空间。

其实目标很简单：生活中那些让你感到快乐、有意义、有存在感的事情多多益善，反之，则越少越好。

本书所提出的"让生活少一份杂乱，多一份快乐"并非是颠覆性的观点，毕竟这和修缮房屋是两码事，如果直接说"梳理你的生活"，感觉会有些晦涩。之后的问题是：你怎么知道哪些是该坚持的，哪些是该放弃的？

了解自己

提倡注重快乐，不是指片刻的愉悦，而是遵从自己的信念来生活。当你追随自己的心声而非他人的指挥，生命的火花就擦亮了。就算没有骤然的光芒四射，也是一种绚烂。

所以，掌握及简生活的方法，首先要树立属于自己的信念。信念是崇高的字眼，它太重要了，所以我一定要用粗体来强调。但现实中你的信念往往平常可行。简言之，信念就是内心深处坚信不疑的东西。

一些信念（无论好的还是坏的）源自成长历程。我们的家庭背景形形色色。我们承认，家庭文化塑造了我们的一大部分，并在我们成年后依然影响深远。例如，也许像我们一样，父母的文化滋养了你勤俭的习惯；也许你从靓丽迷人的母亲那里继承了对时尚和设计的精致品位；也许你的童年在林间嬉戏中度过，所以你把户外活动当成孩子的头等大事。

另一些信念可能与家庭的信念截然相反。倘若你在冷漠、严肃的家庭氛围中长大，你可能把温暖和欢乐作为养育孩子的基本原则。倘若你的父母严格控制孩子的饮食，你可能认为在万圣节得到一篮子糖果是孩子的权利。

还好，你可以在伴随你成长的所有信念中挑出精华（也许要费一些周折，但是可以做到）。花点时间来调整自己的信念。每个人的信念不尽相同，没有对错之分，人们也不会计较它们是否圣洁或深刻。调整信念的时候，你可以想想以下问题：

· 我感谢父母的哪些教导
· 哪些方面我和父母的做法不同
· 我希望自己的家庭展现什么
· 我在乎什么？／我不在乎什么
· 我希望我的孩子带着怎样的品质走入社会
· 我想扮演什么角色（配偶，男／女朋友，职业人士，家庭所在某个村庄或社区的成员）

这是一个持续的过程，所以不用担心答案完整与否。随身携带一个记事本，记录突然闪现的灵感。现在，你要做的就是：着手启动挖掘信念的工程。如果信念的一角已经显现，不要停歇，完整的景象终会在你的手下渐渐清晰。

🌷 了解家人

在思考自己的价值观时，你应该认识到，每位家庭成员都有着独特且不同于你的天性、气质和性情，这一点十分重要。假如你们夫妻二人都极具探险精神，喜欢刺激的活动，但孩子却喜欢宅在家里，那怎么办？也许你喜欢"半床明月半床书"的宁静生活，但你的另一半却总想让你参与到各种社会活动中去。有的孩子可能会高高兴兴地陪你去做事，而有的孩子却更想要掌控自己的日常活动。

我不会总给我先生瑞尔打电话，虽然我们在基本价值观方面有许多共同之处，但我俩每天的生活方式却截然不同。我基本上属于社会型的人，喜欢融入到社会群体中做事，而他则喜欢独自待在家里，从安静的时光里汲取能量。我很抗拒一成不变的生活方式，习惯于凭直觉做决定，这就意味着我的持家能力仍处于非常初级的阶段。我先生却愿意过十分规律的生活，有条不紊地处理日常事务（甚至连他的办公室都一尘不染）。

我们必须接受彼此的天性，找到共同的立场，以便创造一种统一的家庭文化，让孩子们健康成长。与此同时，我们也试着去认可彼此的优点和癖好，当初正是因为这些优点和癖好，我们才会互相吸引，走到一起。这是一个长期的过程，我们还需要随着环境、目标、子女和自我的改变而不断做出调整。

结合每位家庭成员的情况，思考如下问题：

· 如果让我用一个词来形容我的伴侣/子女，这个词会是什么
· 我们在哪些方面相似
· 我们在哪些方面截然不同
· 在哪种情况下，我的伴侣/子女感到最快乐
· 他们最喜欢的活动是什么

我们并非劝你因家人的性格不同而将自己的梦想彻底抛弃，在家庭生活中非常关键的一点是想方设法让每位家庭成员都拥有自己的空间，在保持真实自我的同时给他人以学习和成长的机会。毕竟，即便是喜欢待在家里的人也需要鼓励和机会走出家门，走入令人兴奋的大千世界之中。

在此过程中遭遇困难是一种必然，尤其是在一个家庭成员性格差异很大的家庭之中。记住，你要不断了解自己的子女，特别是在他们年少的时候。此外，无论是子女还是自己都在时刻改变，所以即使是最好的答案也不过是一种基于经验的猜测而已，也许在6个月后它就会彻底改变。但是，不要担心，随时记下自己的新发现，把它们记在心里。

相信自己的决定

你已经开始逐步了解自己和家人了，继续加油！你正在驾驶一辆公共汽车，现在到了表达自己内心声音的时候——那个一直都知道前进方向的声音——方向盘。

做自己内心的掌控者

存在于内心的掌控者就是你的直觉，是你对于是非的内在判断。我们每个人的内心里都有一名掌控者，但我们却没有一直听从她的指挥，没有一直信任她。有时，我们被外界的声音和压力弄得心烦意乱，甚至根本听不到内心深处的声音。

不要再这样下去了，内心中最真实的想法知道应该往哪儿走，你需要做的只不过是听她的话。你最想要围着什么事情（什么人）转呢，那些喋喋不休地告诉你该怎么做的声音统统不算。无论是育儿专家、生活导师还是产品推销人员；无论是善意的亲属、光鲜的杂志还是那些你在童年时期听到的已经过时的信息；无论你因孩子朋友的"全能型"家长而产生的不安全感，抑或是现代育儿文化对于"正确"的狭窄定义，这些统统不算。

你和你的伴侣随时都要担当起家长的角色。今日的育儿文化十分偏重于认同每个孩子的个性并随之做出调整，我们在内心里相信这是件好事，但家长们必须要做出示范，正确的引导孩子的行为，并在此过程中设好各种限制。

因此，表明立场，站在高处，做好家庭生活的主人吧！当你感到十分迷惑而外界的声音又如此确信它们的正确性时，坚持相信自己并非是一件容易做到的事情。当你与那些看似已经在育儿方面得心应手的家长相比时，相信自己就更难做到，如果此时你的孩子正处于在超市里大吵大闹的阶段，那更是难上加难。可是，你了解自己，了解孩子，而且自己的生活就该自己做主。自己和家人都应该多倾听内心的想法，正如倾听外界的各种声音一样，内心知道的事情远比你想象的多。

优化你的"信息舒适区"

　　每个人做出选择和决定的方式都不同。当你学着相信内心时，一定要确定自己的"信息舒适区"——也就是你对信息的吸收和处理方式的偏好，并且将其尽量压缩以腾出时间，保持清醒的头脑，减少犹豫。为获得这些效果，下文给出了一些常见的做出决定的方式和策略。

优化你的"信息舒适区"

　　当你要做一个决定或购买某件东西的时候，你会不会在即使已经很快认定一两个较好选择的情况下仍然对自己听到的每个想法进行研究？

　　（接下来是A型性格的人的告白）当我在为长子劳罗选购婴儿用品时，每件东西都想买到最好。例如，到了该买婴儿床的时候，我会阅读《消费者报告》上的评论，到本地的商店里去看实物、征求店员们的意见了，浏览网上的评论，还要去介绍婴儿用品的博客里转转，然后把这些信息列入电子表格里，在购买之前对每件可选商品的优点和缺点进行全面分析。尽管下了很大工夫，但还是有一两件东西让我感到不是很完美，这令人十分烦恼。

这种方案的症结在于最后一句话:"还是有一两件东西让我感到不是很完美"。如果你是一名研究人员,那么最好停止搜寻,把精力集中在从可靠渠道得到的3件口碑很好的商品上,这样可以节省许多时间和精力。想要给孩子"最好"的东西是非常自然的想法,你只需要从"二选一"的方式拓展到"多选一"的方式即可。

另一种方法是选择最有乐趣的购物方式,并且坚持从"可选商品"中做出选择。伏尔泰的一句话切中要害:"至善者,善之敌。"

听从专业人士的意见

没有哪位家长在孩子刚出现一点感冒的迹象时就马上带着孩子去看儿科医生,但对有些人来说,无论自己从书本上、网络上或朋友那里得到多少建议,他们仍然觉得与医生交流最让人安心。

如果你恰好是这种类型的,那也无需觉得尴尬,本书的关键之处就在于让你了解自己——从自己的标准开始,不带任何偏见。我们一直鼓励你信任自己内心的直觉,但如果与专业人士交流会帮助你更快做出决定,那么就趁早行动,省得把自己弄得压力重重。如果你不知道接下来该怎样做,或者更喜欢与别人商量才能做出决定,这些并非是失败的表现,你要时刻记住:是你在手握方向盘,是你在开车。

从众心理让你感到更安心

我们听到不止一位家长把做出购物选择和购物的过程比作高中阶段的学习——那时的生活常常不自觉地受到来自同辈的压力和不安全感的侵扰。如果你对自己的选择感到不太确定，那么看看周围人在做什么是件十分自然的事情，但问题是别人不会过你的生活，也不会抚养你的孩子。

可以与朋友谈谈，听听他们如何处理育儿过程中的各种选择和挑战，然后再和你的内心好好交流，最后做出一个最符合你价值观，最适合家人性格的决定。

持续修正胜于完美

面对如此高昂的赌注（我们指的是你的子女），做出正确决定的压力简直大到无与伦比。在每件事情上人们都会考虑许多问题，一旦选择错误怎么办？我的决定会不会让孩子的生活变得平庸无奇，甚至导致他出现性格问题？

首先，我们想说的是，你正在读这本书的行为就已经为做好决定奠定了基础。你爱心十足，做事认真，努力为孩子创造最好的环境，而孩子在家庭中获得了爱和教育，生活的基本需求也得到满足。当然，想要每一天都完美是不可能的，但我们都怀着最好的意愿——即便在无法预料或无法掌控每件事的情况下，依然希望一切都能有条不紊地进行。

其次，你做出的每一个决定不仅会带来各种可能的结果，而且这些结果会为生活增添经历和色彩，在大多数时候，你的决定可能都要重新来做。不必为做好每一个决定而忧心忡忡，因为你可以随时修正。谁知道呢？也许当你回望来时路时，你会发现原来自己的经历是如此生动和美好。

把孩子从学校拉出来是我们一生中最为可怕的决定——我们不仅从没想过在家教育孩子，而且根本不知道该从何做起。

但我们渐渐发现，成败并非在此一举。最初，我们感到自己已经跳出体制，放弃了"正常的生活"，而这是一个无法逆转的决定，事实上我们只是选择了旅途上的一个岔路而已，在以后的日子里还可以随时做出改变。

在怀着劳罗的时候，我的身份是一名研究学者，而这一身份也融入了我的育儿之道。我大量阅读，广泛研究，甚至在选购玩具的时候严格到拒绝一切电动玩具。在我的长子劳罗诞生之后，第二个孩子婉琳特到来之前的六年半里，许多事情发生了改变，是婉琳特让我在生活和工作中做出各种决定时遵从自己的直觉而非各种"应该"或数据资料。遵从内心的直觉总会让我收获很多，如果反其道而行之，则每一次都是焦头烂额。

因此，当我怀着婉琳特的时候，除了好好照顾自己，听从医生的指导外，我从不读任何与孕期相关的资料。好朋友海蒂说想要为我办一个欢迎小婴儿的派对，我一口答应，只是希望我们派对上得到的礼物都是其他宝宝用过的物品（在第四章有详述）。能够在这件事上再来一次令我感到精神振奋，这一次，我以自己认为正确的方式来迎接第二个孩子，整个过程都乐在其中。

值得一提的是，我在派对上得到的礼物之中有一些正是我之前严格拒绝的电动玩具，其中的一些的确会发出很大的声音（在扬声器上贴一块胶带就能解决这一问题），但这次我不再死守着那些刻板的参数。你能想到吗？当婉琳特随着电动玩具发出的声音摇头晃脑时，我简直高兴到了极点。

应该承认的是，随着我们做出的各种选择，生活中必然要经历一些困难和失望，其中有一些是某些决定所产生的必然结果，而有一些却不在我们的控制之内。为人父母的天性是不惜一切代价去保护自己的子女，但事实上，每次困难的经历都会让人有所收获，甚至还会带来生命中的礼物。

随着自己和孩子的成长随时调整育儿方法并非只是空谈，它让我们以开放的态度来面对大千世界，面对家人随时都在变化的事实。只要你保持谦虚，勇于尝试，一切皆可学习。

在减少了生活中需要做出的决定和选择的总数后，你就要尝试着降低余下部分带来的紧张感。每当面对选择时，你只需要研究各种选项，然后和自己商量，确定一个你感觉最为正确的选项（几个也可以），随后开始行动。随着自己的想法还有子女与环境的改变，你可以随时做出调整。

2

你的时间你做主

如果你能找到一对悠闲的父母，那我们就能在北极给你找到一间漂亮的水边小屋。即使在今日，我们还是十分惊异于一个事实，那就是时间的总数其实并没有改变，但似乎每天都有做不完的事。

管理整个家庭的时间要比管理自己的时间复杂得多，我们不仅要在同样的时间里做更多的事情，而且还要承受"事事想做，事事求全"带来的巨大压力。如果我们去听身边的每一条与养育子女相关的信息，那我们就会觉得自己做出的每个决定都至关重要。许多人都生活在持续的焦虑之中，唯恐自己的某些选择和决定会带来失败的结果，比如没有为孩子报名去夏令营，没有做好课程计划，没有准备好一周的食物。此外，我们还要锻炼身体、做家务、忙事业、处理人际关系……要做的事情简直太多了。简而言之，生活中的事情远比列举出来的多得多，如果事事求全，那么这种失败感简直是如影随形。

我们不会送你锦囊妙计来教你做好所有的事情，因为这根本没人能做到，无论杂志和博客如何教你，这都是不可能完成的任务。明星妈妈们做不到，家长培训班的老师们做不到，你的妈妈也做不到。但我们可以少做一些事情，想要做到这一点，关键在于调整关注范围，只允许那些值得关注的重要事项进入视野之内。这样，我们面对的问题就从"怎样安排时间做好每件事？"变成了"最重要的事情是什么？"。这种方法的妙处在于：在精简了日程表之后的大多数日子里，你都会感到自己做到了许多重要的事情。

　　在本章中，我们会带你综观全局，以便对需要优先处理的家庭事务形成更清晰的认识，然后帮你对目前自己在处理这些事情的方式做个评估，最后，我们会提供一些方法来帮助你缩小当下状况与理想状况之间的差距。

　　拿好纸笔，做好记录，我们现在就开始吧。

🌱 了解自己

在确定日程表事项之前，你需要弄清楚自己与时间之间的独特关系，理解并尊重这一关系是做好日程表的第一步。

认清你的"时间方式"

可以负责任地说，掌握时间管理技能使每个人从中受益，但在着手行动之前，你需要明确属于自己的独特的"时间方式"。时间方式是指最令你感到舒适的时间管理和消费方式。

让我们来想象一下，如果你只需管理自己的时间，那你会如何度日？请回答下列问题（凭直觉回答，不必考虑答案是否合理）：

· 你喜欢按照日程表生活，还是喜欢顺其自然，保持灵活性

· 按照既定的日程生活令你感觉舒适还是备受限制

· 你的朋友会用"准时"来描述你吗，你自己会吗，你在乎这一点吗

· 你是否能够在各种活动之间轻松切换，还是需要一段"休整时间"

· 如果你可以享受一天完美假期，那么你会安排一整天的活动吗，你会在忙忙碌碌之中感受到乐趣吗

· 你喜欢与人共享时光还是喜欢独处，如果二者兼备，那么比例如何

这些问题的答案会透露出适合你的日程表在计划、紧凑度和参与人数方面的信息。例如，某人的理想日程表中可能会包含每周一天的跑腿日，还有为孩子处理各种琐事和活动的日子，还包括每月一次的邻里聚餐等等。而在另一人的日程表中我们可能会很少看到周末计划（取而代之的是很多可能的选项）。计划时间的方式简直无穷无尽。

当你对自己的工作、责任或家庭生活进行通盘考虑之后就会发现，想要拟定一张理想的日程表看似是个不可能完成的任务。尽管如此，好好研究这些问题的答案仍然有助于增强你在这方面的想象力。好好享受这一过程吧，此时的目标是先对你想要的生活有个清晰的认识，然后再来计划如何实现。

确定黄金时间

认清时间方式是制定家庭日程表的重要步骤，接下来就该调整身体的自然节奏了。在一天之中，每个人都会感受到精力和能量的升降，而且这种升降是有规律可循的。为了让日程表更有效率，你需要找到自己的规律，在精力旺盛的时候进行脑力劳动，而在精力不济的时候处理日常琐事。想想看：

· 如果你需要更多时间，你更愿意早起还是晚睡
· 在一天之中，你何时感到最充满活力，精力旺盛
· 在一天之中，你何时感到最疲惫，最不在状态

再提醒你一次，我们现在仍处于想象的阶段，所以在回答这些问题的时候要尽量以自己为中心，而不要考虑怎样的答案看上去更合理、更可行。如果你在每天下午3～5点最有精力，而其他人在这个时间段恰好处于午睡后的焦躁阶段，但对你来说，这段时间却是黄金时间。接下来，我们将会面对现实，提出对策。

找到合适的"忙碌度"

在一段时间内频繁出差，任务堆积如山，突然间你发现自己已经不堪重负……相信我吧，这种熟悉的场景几乎人人都曾经历过。有时，这样的情况无法避免，你只能伏案工作，拼命往前冲。但在大多数情况下，这种不堪重负的感觉是由于日程表被塞得太满，以至于家人根本无法完成造成的。

可以做个试验：回顾一下上个月的日历，数数每星期你和孩子有多少任务，数完之后把结果记在日记本上。现在让我们来寻找合适的任务水平，将任务太少、太满和正好的周数都记下来。

对你的家庭来说，"正合适"的每周任务数是多少？把结果记在日记本上。日后，在你实际拟定日程表时可以参照这一结果来安排每周合适的任务数（或者少安排一些，因为临时有事或生病的情况也会随时发生）。

盘点时间

现在，对你来说理想的日程表已经开始成形了，让我们来看看在实际生活中你究竟是怎样花费自己时间的。在进行这一步之前，让我们先澄清一点：没有人会向你提出否定的意见，我们不会对你花费时间的方式妄下判断。就算你每天花3个小时玩微博，花9个小时上班，每周花10个小时看《真人秀》节目也没人会在意，我们不是在评估你做学校志愿者的结果，也不会计算你花在家务活上的时间，也不是在评价你是否是工作狂。盘点时间只是用一种简单的方法来收集目前情况的信息，这样你就会更加留意自己利用时间的方式。让我们开始吧：

1.花几分钟时间来填好下面的表格

表格中的项目范围很广，还留有一些空格供你根据自己的情况填写。如果你希望内容更加具体，那也未尝不可，但实际上你只需要大致知道自己是怎样度过一天的。按照下表中的项目，估算你花在每项活动上的时间：

活动	每天花费的时间	感觉如何
睡觉		
梳洗打扮/个人护理		
上班或学习/上课		
锻炼		

活动	每天花费的时间	感觉如何
家务（打扫房间、付账单等）		
杂事（购买日用品、带宠物体检等）		
做饭		
做志愿者/社区服务		
孩子的活动（玩、开车、换尿布、帮忙做家务等）		
家庭活动（用餐、运动、宗教活动等）		
兴趣爱好和娱乐（你自己的）		
其他事情消磨掉的时间（看电视、上网、浏览社交网站等）		
特别活动（全家活动或朋友聚会）		
建立感情（约会、闲谈、和爱人享受亲密时光等）		

几乎没有哪位父母的日常活动会非常规律，鉴于此，你可以以周为单位来计算自己的时间，这样就会了解得更清晰。表中的数字是否令你惊讶呢？

2.现在，用一两个词来描述一下你对每个项目的感受

快点写下来！无论是什么感受！反正只有你自己才会看到你写的内容（除非你想让别人看），所以不要觉得尴尬或不好意思。记住，你正在尽力把事情做好，现在所做的一切正是为了把情况变得更好，你很勇敢。

3.评估

表中的内容有没有看上去不正常的地方呢？有没有让你感觉特别自豪或十分不安的地方？那些在电视、社交媒体和网络上消磨掉的时间是否真的让你感到放松，还是和吃垃圾食品给人的感觉类似——最初会让人感觉愉悦，但这种愉悦很快就会消散。你内心的直觉对你说了什么？把她的想法也写下来，对你下一步的计划来说，她的意见很有参考价值。

了解全家的"时间概念"

你已经花了一些时间来评估自己对时间的利用方式，现在，请尽力以你对家人的了解来回答下列问题。即使问题的答案让你抓狂，也要认真回答，切勿妄下判断：

· 孩子喜欢日程很满，有许多人际交往的生活方式，还是喜欢独自一人或和你一起享受自由的时间

· 孩子天生喜欢规划时间，还是根本没有时间概念，对时间如何过去毫不在意

· 孩子对两项活动之间的过渡反应如何

· 孩子喜欢早起吗、睡午觉吗。对他（她）来说最理想的就寝时间是几点（是对他（她）来说最理想，不一定要从你的角度出发）

· 孩子的性格如何，是坚持己见还是依附别人，他（她）随和吗，听话吗，喜欢探索吗，害羞吗，好奇心很强吗，很严肃吗，很喜欢竞争吗，很幼稚吗

· 如果你的孩子还太小，你很难回答这些问题，那就根据他（她）以往的表现来好好想想吧

· 你的伴侣时间概念如何？是与你相似还是背道而驰

许多人都很难给出明确的答案，这是正常的。我们只是希望通过这些问题能让你更全面地了解家人的时间概念，与你在前面所做的个人时间表目的相同。

现在，把你给出的关于家人和自己时间概念的内容做个比较，看看重合点在哪儿？也许你和孩子都喜欢早起，那不妨趁伴侣还在熟睡之时和孩子一起做些事情。冲突点又在哪里呢？或许你不喜欢一成不变的生活，但孩子却喜欢有规律的生活。将重合点和冲突点都记下来，这些信息对下一步来说至关重要。

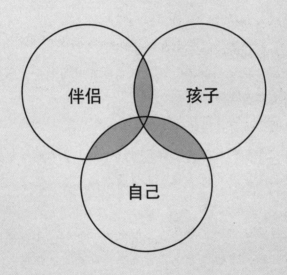

🌱 内容增减表

你知道自己想要达到怎样的效果（尽量和你自己规划的日程表接近），你也知道自己目前所处的位置（时间盘点为你目前的日程表提供了线索，你已经了解对自己来说最合适的每周任务数是多少，也思考了孩子的时间概念和你们之间的不同之处），现在，让我们开始决定该向日程表中添加哪些事项，减少哪些事项。

工具：内容增减表。表如其名：你希望在自己的生活中添加和减少哪些事项？

如果你感觉内容增减表听起来过于简单（或许是过分简单），那绝对是一种错觉，它的效果十分惊人，它是把想法转化为行动的有效途径，是引导你实现目标的路线图。有了这张表，你会在旅途中发现条条大路和小巷，直到通向目的地的那条道路出现在眼前。

　　拿出一张白纸，在中间画一条线，左边写上"增加"，右边写上"减少"。现在，让我们来细看一下你和家人的时间方式、你想象中的时间表、你的黄金时间以及目前对时间的利用情况，根据这些内容再"增加"一栏写下你想要增加的内容。无论你想写的内容有多么遥不可及或有多难以实现，都要写下来。例如，"去印度尼西亚旅行"也许在目前看来很难实现，因为你并没有此项预算或假期，但即便如此也要把它写下来。

　　接下来，找出令你不快的项目，写在"减少"一栏下。别担心，目前你还没删减任何项目，只是拟个候选名单而已，以后还可以随时修改。

　　这张名单是独一无二的，它是基于你和家人的需要而做出的选择，所以不要让"应该"做什么影响你的决定，对别人来说正确的事情对你和家人来说未必正确。在此举例说明：家中干净整洁或许会让你感觉更愉快，但如果你的内心对你说："眼下还有更重要的事情需要你去做"，那么清扫房间就应该写在"减少"一栏中。

　　还有，不要让害怕阻碍你删减（或增加）列表中的内容。如果你害怕增加或删减列表中的内容，但你的内心却督促你去做，那一定要听她的话，因为她比你的畏惧感要聪明得多。

在接下来的一周到两周时间里，你可以在内容增减表中粗略地记下你想记的内容并让它融入到你的生活之中。随时改变主意，随时做出调整，以轻松的状态面对一切。无论用钢笔还是用铅笔都随你意，这是你的记录表，你的生活。

🌿 从容起步，随时调整

现在，你已经对适合家人的忙碌度、应列入日程表的事务以及为腾出更多时间而想要少做或不做的事情有了更深入的了解。你的内心已经找准方向，现在是启动引擎，步入正轨的时候了。

你无法在一夜之间就将家庭日程表改头换面，做这件事的要诀是：从容起步，随时调整。要经历各种尝试和错误才能趋向平衡状态，要经过一段时间才能接受一种新的观点，那就是虽然你做的事情变少了，但实际上你的生活变得更好了。在这个过程中，有些事情需要你努力坚持到底，而有些事情可能还没有出现。

从今以后，你要用自己刚刚建立起来的洞察力来对日程表进行管理，这一点非常重要。相信自己，让内心的直觉来应付曲折的路途。在刚起步的时候你会感到害怕，如果你此时仍然担心自己是否正在降低对事物的要求标准或毁掉孩子们的机会，那么感到害怕便尤其正常。我们都了解，如今的社会环境并不鼓励人们"少"做任何事。

当下正是思考孩子们能从你对时间的管理过程中学到何种能力的好时机。如果考虑到今日的经济和社会形势，我想你会同意一让孩子们拥有更多自由支配的时间与让他们在课堂上听课或在足球场上踢球同样宝贵（也许更为宝贵）。

·孩子们将有时间去发掘、探索、追求他们的个人兴趣，走出寻找人生目标的第一步，为将来的前程点亮灯塔

·孩子们将以各种有意义的方式参与到家庭管理之中，让他们直接获得与他人互相依靠、共同合作的经验

·孩子们会学着打发无聊的时间（最佳创造力助推器）

·孩子们可以随心所欲地玩耍，这将有助于他们在成年后建立生活中的平衡

·孩子们会明白关注自己内心感受的重要性，这对他们处理与日俱增的各种责任、道德、挑战以及来自同辈人的压力来说十分重要

建立日程表所用的工具和体系

花时间来思考生活是件不错的事，但在没有规划好具体的实施步骤之前，一切都只是空谈。要想将新学到的知识应用于实践之中，你还需要一些工具和程序把时间管理变成一种习惯。

选择工具

你也许会认为，在选择工具这个问题上并不存在一个能够迎合所有人需求的答案，但有两件事是绝对要做的，那就是准备一本日历和

一份任务清单。这些工具在时间管理过程中处于关键性的地位，它们不是普普通通的记忆诀窍，而是能够帮你腾出时间来解决问题的实用性工具。

不要浪费时间去寻找所谓的"完美的解决方法"，并期待它能神奇般地理清你生活中的种种繁杂，因为这样的方法根本不存在。你只需对各种选择做一次简短的调查（或者让朋友们推荐），然后选择一种看起来前景最好的方法，它可能是纸质或电子资料、廉价的活页本和一支笔，还有可能是一套价值不菲的"管理系统"或一项免费应用或是一摞索引卡。它具体是什么都无所谓，只要能满足下列几点：

· 易携带（你需要时刻带着它）
· 能够在其中找到乐趣或使用起来很方便
· 能与伴侣共用（假设你们都会参与到家庭日程表和任务清单之中）

阿里通过育儿博客留言：我和先生都有全职工作，我们有两个孩子——一个三岁，另一个五岁。孩子们年龄很小，现在都在日托班。我们用微软邮件系统来确保家庭活动一切正常（谁不在市里谁去接孩子等等）。我们发现将"工作"和"家庭"互相结合是一种极其有效的方式，因为工作和家庭责任两者有着千丝万缕的联系。在智能手机上就可以使用日程表，我对每件事都有计划，甚至办每件事情的来去时间都算得一清二楚。

如果是我先生带孩子出门，那么在安排自己的计划时我也会将这段时间考虑在内（我将这段时间标注为空闲时间并涂成黄色，这样就不会弄乱我的日程表）。我负责处理自己和孩子们的任务清单，而且在工作中我也会一直使用任务清单来帮助自己处理各种事项。我会把所有清单储存在网络硬盘里，这样比较方便，随时提取。如果突然想到某个新事项，我会向工作邮箱里发一封电子邮件，稍后再加入任务清单中。

付诸行动——从现在开始

将生活中发生的那些日期和时间可确定的事项记入日程表中，除此之外的事项则应记入任务清单。记住，每件事都要记。你想去旅行的目的地、需要在五金店购买的东西、需要拨打的电话……那些你想要去做或想要记住，但没有具体时间范围的事项应记入任务清单中。（如果待办事项有时间限制，那么你还有回旋余地来决定是将它们留在任务清单中，还是转移到日程表中。只需选择一种你认为最合理的方式）

瞧！现在你的大脑里有了更多空间来进行创造和休息。通过日程表和任务清单来给大脑减负，这样你就能释放出更多空间去做更重要的事情——组织和管理自己的生活。

如果你在管理日程表和任务清单方面是名新手，那么在最开始的时候你可能会感到有点焦躁。在最初的阶段，管理日程表和任务清单的习惯会占用一些时间和精力，你也许会感到无法应付。但是，随着使用次数的增多，你会逐渐对这些工具产生信任和依赖的感觉，并开始注意到这其中的规律和生活中出现的变化——空余时间变多了，而后，你开始思考如何以更好的方式利用这些时间。你的大脑会自动开始将各种任务和想法分别记入任务清单和日程表，奇迹般地把你变成了一个更有条理性、效率更高的人。当然，这并不是奇迹的作用，而是你自己的努力，是你自己努力的结果！

规划黄金时间

在早些时候，你已经找到了自己的黄金时间——自己感觉最敏锐，效率最高的时间。现在，竭尽所能将那些你认为最需要创造性或最具挑战性的工作安排在这个时段里。这几个小时是值得投资和保护的。在一切可能的情况下，关掉手机和社交媒体、避免参加会议、推掉进餐或其他邀请。尽量让自己利用好这几个小时，甚至可以请求伴侣或保姆来帮助你。慢慢来，从每天十分钟开始，再逐渐增加。

享受"顺其自然"的状态

尽量把日常琐事（填表、记账、跑腿、做家务）安排到黄金时间段之外的其他时间，要做到这点，最好的方法就是安排好每日常规和那些重复出现的任务。安排好每日常规可以减少花在日常简单事务上面的时间。安排好重复出现的任务有助于建立一种定期处理琐事的习惯，这样，琐事就不会堆积如山，令你苦不堪言了。

我曾经非常不愿意在每个月里给多位客户开发票，虽然做这项工作的好处十分明显（客户会付款），而且并不需要很长时间。后来，我把给客户开发票列为一项每月重复出现的任务，在每月的第一天内留出一个小时来处理这件事，从此以后，情况就发生了改变。每当处理完开发票的事情并把它从任务清单里划掉的时候，我都感觉棒极了。这种方法也适用于归拢收据和工资单，从此我就不必在报税前才去应付堆积如山的工作了。

事实上，在育儿和家庭生活中有许多重复出现的事项，它们虽然让人感觉很枯燥无聊，但却是不得不做的事情。处理这些事情毫无乐趣，但是不处理它们就会对极简育儿理念造成障碍。处理这些事情的关键之处在于建立常规：选出一些令你烦恼的事项或杂务，寻找更有效的方法来处理这些事情。如果你做到了，那么你就可以邀请他人加入你的行列。

对我来说，最大的麻烦事一直是洗衣服，我把要洗的衣服叫做"可怕的衣服怪兽"。洗衣服的过程有那么多步骤，每一步都有可能出现差错。

下面的这些事情当中每周至少会发生一件：存放脏衣服的洗衣篮爆满、洗衣机里堆着已经发霉的湿衣服、甩干桶里缠绕着已经甩干的衣服、叠好的衣服被忘在了洗衣篮里没有及时拿到楼上，或者即使到了楼上也没有被放进衣柜里（被翻得乱七八糟）。如果奇迹发生，以上这些情况全都没出现，那么家里一定会有人找不到可穿的内裤或袜子，令罪恶感和挫败感油然而生。

在我们将注意力集中在洗衣过程中的具体步骤后，可怕的"衣服怪兽"就完全处于掌控之中了。然后，再将各个步骤融入到日常生活之中，让每个人都参与其中。

- 每天，孩子们将要洗的衣服放进洗衣篮
- 每天做晚饭的时候洗衣服（记入重复事项表）
- 瑞尔边看电视边将衣服分类和折叠。如今，我有一个洗衣伙伴了，这使我也很高兴地参与其中，好把工作快点做完
- 孩子们随时将送到自己房间里的衣服整理好，而且这项任务固定在看电视和玩游戏之前（先整理好衣服再看电视或玩游戏）

设置结束时间

为人父母这项工作没有尽头，各种事情总是一件接一件。我们要接受这个事实，为每天设置一个结束时间，好让自己准时从家务琐事当中"解放"出来，这样做会让生活变得更加合理。一旦孩子们上床睡觉，要允许自己将状态切换至休息、与人交流或其他你感觉合理的状态。

无论是因为自由工作或固定工作安排而导致的晚间工作，抑或是要追上因照顾生病的孩子而落下的工作进度，许多在外工作的父母都在全力应对需要在晚间工作的问题，认识到这一点十分重要。在此类情况下，我们建议父母们尝试各种不同形式的时间安排，这样，你就仍然可以为家庭事务和工作设定一个结束时间。

当然，你不可能每一天都能遵循你设好的时间规律，你想做的事情也并非是每一件都能做成。现在，你正在精简日程表这方面大步前进，以期那些最重要、最有价值，也最有趣的事情能够为生活增添色彩。在下一章中，我们会分享更多关于时间管理的建议。

3

极简主义育儿的
时间管理技巧

为人父母的生活一直处于一种波动的状态：某一刻万事顺利，下一刻可能就会出状况，将所有事情弄得一团糟，这就是生活的本来面目。有了极简风格的日程表，你不仅能够更好地处理无法避免的突发状况，而且还更有可能体会到一种自发的快乐。

在本章中，我们会将最好的时间管理策略拿来与你分享。试着在每周都尝试一种策略，好好感受，看看哪种给你的感觉最好，并将它继续坚持下去。

管理好自己的时间

当你处于一天之中最紧张的时段之时，令你分神的事情简直有无数件。以下内容给出了一些令你保持良好状态的小技巧。

不要陷入多重任务同时进行的陷阱

我们知道你只能控制某些方式的打扰（你绝对不能像按动开关那样让小孩进入安静模式），但你一定要尽量让自己集中注意力。关闭电子邮箱，把电话设成静音模式，关掉微博和博客，专心致志做好手边的工作。

先处理最难的事项

每个人都有一些让自己不胜其烦的事情要做……有些需要在一段时间内集中精力（例如：做预算），而有些可能在情感上很折磨人（例如：需要打一个很费神的电话）。无论是哪种情况，拖延都会磨蚀你的精力——每当你只是盯着待做事项而不去解决时，你处理问题的动力就会减少。

试试下面的方法：从待做事项中找出最令人头疼的一件开始着手。你会发现，其实处理这件事也并不需要想象中那么多时间。处理好这件事后，你会立刻感到非常放松，并且精神百倍地处理其他事项，因为最重的负担已经解除了。

留出"碰运气的空间"

当你深陷于日常生活中的各种琐事之中时，你很容易就会忘记其实自己正在规划时间方面为孩子们树立榜样。考虑一下，在各项活动之间给自己留出一个缓冲地带，一个"碰运气的空间"——没有事情做，也没有地方去的时段。你可以利用这段时间去玩一会儿或者窝在沙发上，而这些事情在日程很满的时候就会很容易被忘记。

好好利用"过渡时段"

使用日历的频率越高，你就越容易发现，其实每天都会有一些小段时间是不够用来做任何事情的，但这些时间恰好可以用来完成一些小任务或休息一下。这其中的秘诀就是：把一些小任务排到各个待做事项之间，这样你就可以好好利用过渡时段了。适合在"过渡时段"完成的小任务包括：

· 打电话

· 看看社交媒体

· 回复电子邮件（参考第五章中的处理电邮三步法）

· 做个人护理（例如：修指甲，做做伸展运动）

· 整理物品，只是整理某个抽屉或桌面或将邮件分类

· 整理纸张（如果能分类碎纸或回收利用就更好了）

· 看看你的日历和任务清单，想想还可以通过什么方法让自己受益（例如：将下周有人过生日的日子做好标记，这样你就会记得在购物时买上一张生日卡）

调整日程安排方式

每个人都在与他人的交往中不断改变自己，发现有关彼此的新事物。有时，人与人之间的不同点会让你倍感压力，这时不管是为了实现承诺还是为了提高生活品质，你都可以随时调整自己的日程安排方式。

在我和乔恩结婚十年以后，我们才开诚布公地谈论彼此时间方式的不同点。因为我喜欢及时处理手边的事情，所以凡事都尽量提前安排，而乔恩则更倾向于根据自己当时的感觉来处理事情，并且做出决定。

当我们在看似无休无止的工作与个人事务中努力寻找彼此的平衡点时，我开始尝试着用乔恩的方式来处理事情（不再对他指手画脚）。你猜怎样？我发现这种方式简直太自由了，我可以随时跟随自己的感觉来做决定（而不再仅仅因为"应该"才去做一些事情），而且我的改变也减轻了我和乔恩因时间方式不同而造成的紧张感。

三思而后行

不要轻易同意去做那些你和家人不愿意做的事情，碍于情面确实是很难甩掉的一种负担，但想想哪种情况更糟：婉拒一次邀请或一个任务，还是在做这件事的过程中咬牙切齿，如坐针毡，把"我不想做这事"在心里抱怨一万次？

除了去做那些你必须要做的事情之外，把自己的精力好好节省起来去做那些让你感到快乐和兴奋的事。根本就不必费力寻找借口，你只需回答："谢谢你的邀请，但我实在去不了。"

我姐夫乔什是位焙烤能手，有一次，在与妻子吵架之后，他决定用做布朗尼的方式来让自己静一静。但他没意识到，当自己烤布朗尼的时候，还一直在为刚才吵架的事情而生气。通常他烤的布朗尼蛋糕口感很棒，让人感觉到一种醉心的爱意，但这次的效果却糟透了——又糊又焦。当二人看到如此糟糕的布朗尼蛋糕时都不禁放声大笑，并给它们取了个好玩的名字——愤怒的布朗尼。我和乔恩都把这个故事记在心里，从此避免在自己依然心怀怨气的时候为对方做事，因为即使做了，结果也会很糟。

🌷 与他人一起管理时间

在如今的育儿过程中，家长们都倾向于凡事自己去做而不与他人一起处理事情。许多人事事都要独立完成，给自己很大压力，因为他们感觉寻求别人的帮助等同于承认自己的失败。

实际上，寻求帮助正是拥有力量的表现，会给自己和身边的人们带来福气，尤其是在你努力避免成为"圣人"的时候（以前，克里斯汀就是典型的"圣人"）。当全家人一起做家务的时候，家务活也会变得无比美好，而且在你向其他家长寻求帮助的时候也许还会收获意外的友谊（逐渐从封闭的状态中走出来）。

与伴侣合作

如果你和伴侣一同照顾孩子，那么先从你俩的合作着手，好好利用时间。让全家步调一致是一项艰巨的任务，同时也是培养健康家庭氛围和亲密感情的重要步骤。下面给出几个重要的技巧来帮助你与伴侣共同管理好全家的时间。

分工合作

太严格的分工方式会使得你合伴侣各自为政，虽然能和平共处，但缺少交集。即使是相处方式最为灵活的夫妇也会陷入这样的僵局，因为在处理事情的时候，沿用以往的做法总会让人感觉更简单，更轻松。但我们鼓励你和伴侣时常互换彼此的育儿任务，理由如下：

- 有时候你可能想要从某项任务中抽身出来休息一下，如果感觉自己做不到或没机会这样做，你也许会开始讨厌这项任务
- 在某一方无法完成自己的任务时，太严格的分工方式会使问题复杂化。父母中的一方在外出时就应该集中精力处理自己的事情，而不该惦记着在家照看孩子的伴侣能否照顾好孩子。同时，在家的一方也应该按照常规做好眼前的事情，而不该担心自己是否能按照伴侣的标准将孩子照看好，更不该在不知所措时认为自己无能

· 孩子们需要看到的是父亲和母亲都值得信赖，可以依靠。
放下对"完美"的期待（完成任务就已经很好了！），怀着
尊重的态度接受彼此的长处和不足，好好沟通，亲密合作，
让彼此在家庭生活中的责任互相交融，互为补充

· 最后，如果你真的愿意分享事情（就像第二章中描述的
那样，阿萨和瑞尔现在已经开始参与洗衣服的任务了），
那么一定能让各种俗事变得乐趣十足，或者至少能够发现
一些乐趣

给彼此一些过渡时间

刚刚结束一天的工作，走出办公室，就要走进家庭，开始紧张
的育儿任务。这时，夫妇中的一人已经和孩子待了一整天，需要休息
一下；而另一位也工作了一整天，也需要休息一下。或者你们二人都
在外工作，刚进家门就赶快寻找一个孩子够不到的地方把东西放下，
然后向保姆询问一天的情况。在这两种情况下，孩子们都会嚷着要你
陪伴。于是，在接下来的几个小时里，晚餐、洗澡、讲故事、做游戏
（与孩子们交流）统统上阵，在做这些事的时候，你可能还在想着那
些还没做的家务和工作。我们给出的建议是：给彼此一些过渡时间。

我和乔恩都发现，如果我们在一天快要结束之时给彼此一些过渡
时间，那么在我俩陪伴劳罗和婉琳特时都更专心，更平静。其实过渡

时间不必很长，也不必在这期间做很多事情。乔恩只需要上楼10分钟去换换衣服，调整好自己的状态来迎接与孩子们相处的时光。因为我是在家工作，所以对我来说，过渡时间就是出去走走。乔恩也会偶尔早到家一会儿，这时他就会鼓励我好好利用这段时间出门短跑，因为短跑是我最喜欢的一种理清思绪和切换环境的方式。

以合理的方式分担任务

我们鼓励父母们学会处理日常基本事务和育儿任务，同时，我们也建议父母们根据各自的能力、兴趣和日程表来分担任务，而不是公平地"各做一半"。

杰西通过育儿博客分享：我喜欢烹饪，所以会多分担一些煮饭的任务，而我先生就多做一些整理庭院的事情。我负责管理财务和支付账单，他则多做一些家务。总的来说，他来承担起夜的任务，因为我每星期在外工作4天，而他每星期在外工作3天，并且他在时间上要比我灵活（比如说，他可以在早上多睡半小时），而且他在起夜之后比我更容易入睡。当他出差时我就得承担所有的任务了。

蒂芙尼通过育儿博客分享：每天，我一大早就要在外工作，所以我先生会负责准备早餐和午餐，而到了周末我就可以接孩子放学，然后做晚餐（因为我喜欢烹饪）。这种任务分配方式非常适合我们。他负责清理浴室，而我会去打扫房间。

留出独处的时光

除了与家人共处的时间和单独与孩子相处的时间（根据孩子性格和兴趣的不同而带他们去参与一些日常活动）之外，给自己留出一些独处的时光来好好照顾自己或做些特别的事情，这样做也会让你和伴侣之间的相处更愉快。

每周末，我和乔恩都会进行"时间交换"。基本上我们给各自几个小时的独处时间，当一方独处时，另一方来照看孩子。我们都感觉这种时间交换的方式非常适于让自己恢复精力，为育儿做好准备。

巧用日历

我们在第二章谈到了使用日历的重要性，而父母共同使用电子日历的好处在于：可以让双方都更了解对方做了哪些工作。而且，这样做也会促进二人一起坐下来考虑家庭日程表中的事务。如果让一个人整天处于各种电子邮件和社交事务的包围之中，谁都会受不了。

莫拉·亚伦斯通过网站和微博分享：我和先生在婚前见过一位心理治疗师，他送给我们一个秘诀，我们的婚后生活正是依照这个秘诀来进行的：在婚姻生活中，你不仅会拥有彼此相爱的亲密关系，也同时拥有了一家"公司"。美满的婚姻生活需要你们将彼此间的亲密爱情与亲情融为一体（乐事、约会、亲子时间、亲密时光等等），同时你也要把这家"公司"管理好（日程表、财务、照看孩子、医疗保健、修剪草坪、照顾宠物等）。

我们也有两个能用来管理"公司"的文件，它们是：一张预算清单，我们可以用它来跟踪每月的固定费用，看看实际的花销是否与之相符，还有一本是保姆和我母亲共用的日历。因为我和我先生都需要频繁出差，所以要管理好日历本。我们每月都要查看进账情况（有时我们会在最爱的早餐馆做这件事），管理日历本和家庭总体预算。在周日晚上，我们会一起回顾本周的日历本，看看一周内进行的各种活动。

共同规划日常事务

为孩子们建立简单而持续的日常活动会让家庭生活和成长的经历更加愉快：

金姆通过育儿博客分享：我和我先生只遵守两项准则。

第一项：家人共进晚餐。每天的晚餐时间我们都不接打电话，哪怕只是家常便饭，全家也要坐在一起边吃边聊。如果电话铃声响了，我们也不理（除非有家人生病或遭遇变故，我们正守在电话旁边等待消息。但这种情况很少出现）。

第二项：孩子们的入睡时间固定。他们都会在晚上8点钟准时上床睡觉，晚间的时光只属于我和先生两个人。我们一起聊天、看电视，或者只是窝在沙发上一起看书。无论如何，这是属于我们的时间，而且这种彼此交流、互相关心的时光对我们来说都很重要。我们不断调整着自己的育儿方式，也经历过许多"行不通"的情况并做出改变。以上两项准则对我们来说非常重要，它们可以让我俩保持清醒的头脑，同时也让孩子们（还有我们俩）感受到来自家人的关爱。

与身边的人通力合作

也许现在你已经明白，我们每个人都会有寻求他人帮助的时候。如果你有幸生活在家人身边，而他们又愿意帮你照看孩子，那就太棒了。但如果你的亲人不在身边，你也可以向身边的人——朋友、邻居，还有孩子同学的父母寻求帮助，他们可以组成一个后援团，让你感受到支持和友谊。

如果父母们能互相帮助，那么不仅仅是获得帮助的人会受益，而是人人都会受益。施以帮助的一方会在这个过程中感受到帮助朋友的满足感，而双方的友谊也会更加深入。正如家庭成员因家庭事务而紧密相连一样，人与人之间的互相帮助也会加固邻里和社区的团结。无论是和朋友互相整理物品（整理别人的东西总是要容易一些），还是建立邻里晚餐俱乐部、互换保姆或玩伴，抑或是互相搭车都会给孩子们带来很多乐趣，还可以为社区建设贡献一份力量，减轻你的负担。

孩子在放学后拥有玩伴的日子简直无比美妙。我非常喜欢和身边的家长们交往，当孩子们忙着去做自己的事情时，如果家长们也能去做自己的事，那就再合理不过了。

第一次寻求其他家长帮助时我还有些犹豫，当时我正在马不停蹄地赶工作，如果劳罗朋友的家长能够在放学时把她和自己的孩子一同接回家，让两个小家伙一起玩几个小时，那我的生活就轻松多了。当我说出自己的想法时，那位妈妈说：哦，太好了，如果我女儿能有个玩伴，我也会轻松不少。有朋友陪她玩她会很开心，我也可以利用这段时间做些家务。

正是这个让我有些犹豫的问题为我和劳罗同学的家长们开启了一扇互助之门，我们互换玩伴，一起去看球赛、帮助彼此料理晚餐和其他事情。走进这个家长团并成为其中的一员让我们离自己心中那个彼此支持、彼此帮助的理想生活又近了一步。

外包

有时候，对于那些令你心烦意乱的工作，最好的办法莫过于花钱雇人去处理。也许这种做法会让你感觉不太舒服，因为你要放下自己的骄傲，接受你对这件事无能为力的事实，还要为花钱雇别人帮忙这种想法而纠结，但这么做的好处还是很明显的。如果你正在赶时间，那么将一些事情外包可以帮你节省时间，减轻压力，这绝对是非常值得的，而且在此过程中你还会为本地的经济发展贡献一份力量。

好好想想自己能够独立承担起哪些任务，将精力集中在这些任务上，把那些你不擅长的任务外包给别人去做吧。

让孩子们分担家务

在孩子们年幼时，他们本身就需要人照顾。但他们很快就会长大，成为家中的好帮手。父母们应尽早为孩子们安排一些家务，让他们承担起责任。

做家务的重要之处

孩子们在参与家庭事务之初可能会帮倒忙，这也是为人父母必然会经历的情况。让孩子们参与家务不仅能够减轻你的负担，而且在这个过程中还可以培养他们的动手能力和赢得他人尊重的能力，而这些能力会让他们受益终生。

这里还存在一个更微妙的层面：如果孩子们认识到自己是家庭中的重要一员，那么家庭成员之间的联系就会更加紧密，也会更加团结。孩子们不仅能从做家务的过程中获得成就感，而且还会渐渐体会到父母的辛苦付出。

如何分配家务

许多与我们有过交流的家长都对让孩子做家务这件事感到十分紧张。做家务的方法数不胜数，家长们也不知道哪种最有效，他们还担心自己会与孩子产生争执。

如果将做家务变成孩子成长路上的一个常规活动，那么一切都没什么大不了。如果你的孩子不愿参与家务，那也不必担心，因为只有极少数的孩子会高高兴兴地帮助家长打扫房间，收拾碗筷。应该让孩子们明白：虽然有些事情很平庸，但却非常重要，这会为他们将来的独立生活做好准备。

如有必要，还可以调整一下自己说话的方式。"如果做完家务，你当然可以看电视"和"不做完家务就不许看电视"给人的感觉就截然不同。

朱莉·毕蓓特通过微博留言：我的孩子不爱早起，所以我们把需要他们去做的事情写在表格上，然后他们会自己给表格配上图片。最后，他们会根据表格来核对自己是否完成了任务。

还有另一种选择：用零花钱来激励孩子做家务。对有些家庭来说，这种方法效果很好，但也有些家庭会感觉到这种方式不利于建立家庭责任感。我们会在第六章中进一步讨论关于零花钱的问题。

从小事做起

哪怕只是让孩子在晚餐前擦擦桌子或分发餐巾也是个很好的开始。要让他们知道自己做的事情对家人来说很重要，你还要把你做的事情慢慢教给他们。让孩子们感受到你对他们信心十足，相信他们能够逐渐完成许多复杂的工作。

保持乐观

有时候，态度决定一切。这种观点实际上并不像听起来的那样悬。如果你因为怕与孩子发生争执而对让他们做家务这件事小心翼翼，那他们也很可能会感觉到这事还有商量的余地。要改变这种态度，用非常肯定的语气给孩子们布置家务活，而且还要说明：你也和他们一样需要干活。

我用这样的方式来向女儿解释做家务的重要性："等你长大一点，就会飞着环游世界，但你必须要有一双有力的翅膀才能飞翔。"每次她做完家务或解决了自己的问题，我都会告诉她："你的翅膀变得更有力了"。

对儿子的策略就不同了，我告诉他："等将来你离家上大学时，你做家务的能力会得到室友的尊重和感谢。"虽然两个孩子对做家务都没什么兴趣，但至少他们懂得了这件事对他们的成长有好处。

如果有可能，给孩子们多种选择

只需给孩子们多种选择和掌控权就可以避免许多麻烦。让孩子们在两项家务活之间做出选择（你更喜欢摆放餐桌还是整理玩具），这意味着在做家务这件事上，他们只可选择而不能拒绝（他们或许仍会拒绝，但这样做可以更好地转移他们的注意力）。

以前，我给山姆取了个绰号叫"小C"，如果我给他两个选项A和B，他总能提出第三个选项C。当时，我和先生为此感到很泄气，但在大多数时候我们都能坚守阵地，尽力让他从A和B两个选项中做出选择。我们用了好几年时间才让他接受我们的约束，现在的结果是，他非常尊重我和先生的决定（在做决定前他总是征求我们的意见）。如今，山姆已经长大，他有更多机会来实现他性格中那些不拘泥于常规的闪光点，这也是他的诸多优点之一。

努力第一，结果第二

每个孩子都有自己的成长轨迹，如果你的孩子看起来并没有步入正轨，那也没关系，只要坚持下去一定会有收获。只要是在正确的道路上向前走，每一点努力都会有好的结果。

寻找一种适合自己家庭的策略和体系是个循序渐进的过程，但无论过程如何，你终会找到。现在，你身边的后援团随时都会给你提供帮助，那么达到你想要的结果便更加指日可待。

节省时间的技术小窍门

对于忙于工作的父母来说，智能手机既可以用来保持联络，又能够节省时间，绝对是生活中的好帮手。我们邀请到已为人母的育儿达人克里斯汀·蔡司和来自早教中心的莉兹·伽姆碧娜来分享她们用来节省时间的手机应用程序：

如何变得更灵活

大多数父母都感觉极度缺乏时间，我们在研究中将这种现象称为"时间饥荒"。根据家庭与工作机构针对美国工作场所进行的一次代表性调研的结果显示：75%的雇员感觉自己没有足够的时间陪伴孩子，比1992年的数据66%有所上升；63%的雇员感觉自己没有足够的时间与伴侣共处，比1992年的数据50%有所上升；而60%的雇员感觉自己能够支配的时间不够用，比2002年的数据55%有所上升。

工作上的灵活性能够让生活变得更加舒适。87%的调研对象认为，在寻找一份新工作时，灵活性十分必要，但目前却只有1/4的人能够享受工作上的灵活性，这种现状并不奇怪。那么我们怎样才能改变这种现状呢？以下给出几点建议，帮助你向上级领导申请工作上的灵活性。

· 看看你所在的工作单位能够给予哪些正式或非正式的工作灵活性。除了要研究单位在灵活性方面的各种规章制度之外，还要寻找单位以往遵循的惯例。根据以往经验，在何种情况下单位能够给予灵活性？在何种情况下不能，原因何在，在打算向上级领导申请工作灵活性时，你要根据经验做好各种应对不愉快的准备

· 寻找支持工作灵活性的同事。如果有同事出于业务上的考虑而希望单位的运行更具灵活性，那么与他们同心协力是个很好的选择。这些同事值得尊敬，有他们做先驱者总是一件很好的事情。他们能够在你准备向领导进言时帮忙出主意，他们是你的后援团

· 从业务的角度出发与上级领导谈论工作上的灵活性。尽管人人都希望从对自己有利的角度考虑问题，但如果从业务的角度出发与领导讨论工作上的灵活性，那么成功的希望会更大

· 准备好多个提议。不要只带着一个提议去和领导谈话，要想出多个提议来支持自己的观点。要记得准备好向领导说明在灵活的情况下你如何做好工作

· 向领导提议先来个灵活性试行阶段，还要提出一些标准来衡量自己的提议是否有效。相对于"一锤定音"的安排，领导们总是更喜欢先进行一次"试运行"

几年前我做过一次调研，调研对象是国内的3～12年级学生，调研问题为："父母工作上的改变可能会提升你的生活质量，如果你可以在这方面实现一个愿望，那么你的愿望是什么？"

　　大多数父母都认为孩子一定希望拥有更多与父母共处的时间，但这并不是排在第一位的。事实上，孩子们更希望父母能少些疲惫，少些压力。请记住：虽然工作上的灵活性能够给予你更多亲子时光，但事实上你在与孩子共处时的状态才是最重要的。如果你疲惫不堪，充满压力，那么想办法好好应对压力，不要将压力释放到自己的孩子身上。

4 对待个人物品的
全新思维模式

　　2008年11月，当大多数人因为家中没有足够的橱柜空间和厨房挂件装扮感恩节晚宴而倍感焦虑时，《纽约时报》采访了马克·比特曼——一位新闻工作者、饮食作家以及《烹饪大全》一书的作者。

　　在这次专题节目中，比特曼和大家分享了自己在曼哈顿公寓中的一间简陋的厨房中烹饪的情形。由于厨房空间的局限性，比特曼省去了烤箱和食品加工机等常用工具。这样高水准的一位美食家却可以在不借助任何基本厨房工具的条件下烹饪美食真是一件令人印象深刻的事。（顺便一提，比特曼已经在《纽约时报》上撰写育儿专栏很多年了。）

　　但是，并不是所有人都可以（或想要）在不使用基本厨房工具的情形下烹饪。在你开始整理自己的物品之前，最好先对自己想要保留的物品进行盘点。本章中，我们首先要思考的问题是为什么物品会堆放的如此杂乱。对每个人来说，这个问题的答案是不同的。所以，对于哪些应该保留、哪些应该捐赠以及如何保持一种干净整洁的环境等选择，答案因人而异。

从本章起，我们将帮助你转变对个人物品的态度和看法，清扫障碍，开始行动，简化自身的生活方式，营造一个更加快乐、舒适、放松的氛围。

杂乱的东西对人的情绪产生怎样的影响

"极简育儿"的关键就是让居室变得卓越非凡，而本章所讲的内容就是对这一点最直接的诠释。身处开放的、整洁有序的环境中，我们都会觉得更加快乐、舒畅。诚然，享受这种环境十分惬意，但是营造起来却很棘手。但是这和物品本身无关。事实上，如果你十分了解自己情绪上的"杂乱"，那么清理房间就变成了一件十分简单的事情。我们将为你指引正确的方向，这样你才能承认现实，重新开始。

填补精神"空洞"

表面上看，"物品"是看得见摸得到的东西，不是吗？但是我们和个人物品之间的关系却十分复杂。例如，在过圣诞节时，你会不会时而想要找回自己童年时遗失的物品，或者你会为孩子买一些东西，而实际上是为了满足自己的需要或安全感呢？

我对杂乱物品的态度完全来自父母节约务实的培育方式。对于家中杂物，我最常听到的是这样两句话，"这样太完美了！"和"这样真的很方便。"当我想要扔掉什么东西的时候，我会觉得十分浪费，因为总是觉得它们以后可能还会有用处。

在面对自身的情绪问题时，将这些观点铭记于心有助于你跨越自身的心理障碍：

有"问题"，并不代表你是坏人。

当我们还是孩子的时候，我们就已经形成了对周边事物的自主反应。所以，不要拖延自己的烦恼。你已经竭尽全力了，你正在努力变得成熟和进步。这是一个循序渐进的过程，路途中肯定不会是一帆风顺的，但是，这也是十分正常的。

你的孩子并不知道你背后的故事

当你同自身的情绪问题作斗争时，你要记得，你的孩子并不知道你那些背后的故事。将这一点铭记于心十分重要，因为你的反应（愤怒、悲伤、沮丧）在孩子看来可能十分迷惑，因为他们正学着如何处理自己的（无穷无尽的）欲望。

掩盖社交不安全感

父母在购物的时候总是背负着很大的压力。有些父母是在买东西，我们想要看到父母眼中的善意（至少不应是恶的），要给孩子提供最好的，包括那些我们自己都不曾拥有的东西，这是所有父母都感觉到的一种义务。精明的商家们了解广大父母的这种思想，所以他们下了很大工夫，刺激父母们的这种不安全感和恐惧感，制造消费者需求。

当我怀孕时，那些"必需品"清单真的让人难以拒绝。在某种程度上，我的头脑还是比较清醒。我知道那些东西不可能全都有用（毕竟在纸尿裤发明之前，人们已经抚育孩子上千年了），但是我还是会觉得十分焦虑，因为我觉得如果我没能为孩子提供最高品质的用品，就是对孩子的一种亏欠。

面对外界的舆论压力时，人们总是很难倾听自己的内心，这就是走向极简育儿法的开端。当你与或真实或幻想的社会压力作斗争时，尽量记住：

你不是孤身一人

其他父母可能也正在经历你所经历的事情。实际上，我们十分确定其他父母也正经历这种压力，因为我们在网络社区里清楚地听到了他们的心声。

这是你展示自我的机会

通过按照自己的价值观行事，你正在树立榜样——不仅为你的孩子，也为其他父母。你正在告诉他们，服务于自己的家庭需要信念和力量。

你远比自己认为的要聪明

在自我怀疑期间，人们总是忘记自己完全有能力作出决定。记得，你才是自己生活的主宰者。你一定能行的！

转换思维模式

极简育儿法并不是让你习惯于被剥夺的生活。你仍旧可以享受购物、装饰家居和一切美好的事物。但是其中的关键是要将重点放在值得的事情上。如果你觉得某件物品真的有用或看你真的十分喜欢，那么它就值得在你的生命中占据一席之地。

不知为什么，我对手机十分痴迷。在一次同家人去旧金山的唐人街旅行时，我在当地的一家观光购物商店买了一部手机。那次是我的孩子们第一次参观唐人街，我们一家人在拥挤的人行道上看到了一些有趣的玩具，玩的十分愉快。每当我看见外衣或钱包上挂着的小饰品就会回想起这次旅行的美好回忆。在其他人的生活中，这可能是应该扔掉的垃圾，但是我却将其珍藏了下来。

在我们细化到整理物品的具体细节之前，我们为你提供了几种看待个人物品的新思路。

崇尚小型生活空间

当给出一块空间时，大多数家庭的做法都是将其填满。为什么不能选择让生活空间更小型、简化一些（这与大多数人的做法恰恰相反），控制一下堆积如山的物品呢？

卡拉·农伯格通过博客说道：我们的房子很小，客厅的角落有一块区域专门放玩具和一个书架。如果这个角落的玩具堆不下了，我们就知道是时候拿出去一部分了。每天晚上当我打扫房间时，我的两个女儿（一个两岁另一个三岁半）会把玩具移开。因为我们的房间很小，所以非常便于管理。

雷切尔通过博客说道：一间面积超过自身所需的房子只会导致严重的混乱。当我和丈夫搬进一间中型面积的房子时，无论是房间面积还是卧室都十分充足。不必担心房屋布局问题，因为这个空间足以容纳所有物品。当我们买来新物品时，就把它放在合适的地方。五年过去了，我们已经有了三个孩子，但是现在的我无时无刻不在后悔没有很好地规划房间的布局。尤其是当我的空余时间并不多时，我认为对于房间面积来讲，"物以稀为贵"这条道理十分适用。对于小型的生活空间，人们自然而然会合理布局。

让闲置空间"闲着"

为了协同"物以稀为贵"的理念，一种关于闲置空间的观点值得了解。现在的趋势是，将闲置空间视为一种消极的事物：闲置、从未使用甚至缺乏关爱。但是事实上，闲置空间的价值恰恰与之相反。闲置空间有其自身的意义和价值，可以让其周边环境焕发光彩。闲置空间正是"让房间变得卓越非凡"的实体等价物。

瑞尔教过我如何欣赏闲置空间的美。过去我常常认为他只欣赏那些简朴风格的事物，但是我发现自从身边堆放的杂乱物品少了以后，他的思路变得更加开阔了，而我也同样如此（孩子们也正在发生这种变化）。

想想自己的物品是否还有其他"出路"

这听起来可能十分崇高，但是你的物品可能还有其他更"高尚"的用途。想想你的物品是否还有其他不同的积极的"出路"，无论是通过捐赠、销售，还是和关心的亲朋好友一起分享。

只有想到自己的东西可能会对其他人有用时我才会有整理房间的动力。同时，我发现这一点对于我的孩子们来说同样有效，他们也会将自己小时候的玩具整理出来送给他人。山姆非常具有创业精神，总想要办一次庭院旧货出售或者去二手书店卖书。米拉柏（总是回想着自己以前的玩具和衣服）知道自己的物品可以帮助另一个孩子后觉得十分安慰。

记住：物以稀为贵

这是一句关于质量和数量问题的老话。甚至就连孩子都能发现，如果自己的物品很少，那么自己现有的这些物品就会显得十分珍贵。

劳罗非常恋物。我觉得这并不是因为她拥有的不够多，而是因为她喜欢同自己的物品建立情感上的联系。她觉得如果自己没有好好保管别人送的礼物，那么这个人一定会很伤心的。我很理解她的感受，但是最近我已经快要被她的毛绒玩具逼疯了。是的，也许这其中夹杂了我的个人情绪问题（我在五岁的时候才收到第一份毛绒玩具礼物，而且是在做完扁桃体切除手术之后），但是她的玩具实在是太多了。我觉得是时候和劳罗谈论一下捐赠玩具的事情了。

当我刚引出这个话题时，劳罗表现出了意料之中的悲伤之情。我对她说出了自己的想法，因为她的绝大部分毛绒玩具都是闲置一边，很少玩（或基本不玩），但是却有很多孩子没有毛绒玩具。我告诉她说我发现了一个网站，专门协调毛绒玩具的捐赠活动。劳罗停顿了一会儿，将这个主意翻来覆去想了一遍（她非常有同情心，过去我们曾捐赠了很多崭新的玩具），然后冲着我点点头说："好的，妈妈，我们开始行动吧！"

劳罗和我开始清理她的毛绒玩具。对于那些她不记得送礼人的玩具来说，清理起来还比较轻松一些。不过整体来讲，劳罗处理的还是相当好的。大约用了十到十五分钟，我们将大多数大型的玩具收拾到几个大的垃圾袋内，显然剩下的那些就是经过"选拔"的，每一个都是劳罗的挚爱，而且每一个身上都有一个独特的故事。

接着，劳罗开始在床边仔细地整理这堆玩具，将所有的玩具摆在地板上，这样她就可以直观地看到所有的玩具，并将其分组。当劳罗将一切都收拾妥当后，她向后退了一步，笑了出来。我问她笑什么，她说："妈妈，你知道吗？我觉得这是件十分困难的事，但是我并不会为即将捐赠的玩具感到悲伤。相反，我拥有的玩具越少，我越觉得它们很特别。"恰恰如此。

谨慎购买

你有没有这样的经历，本来只想去商店买一件东西，但是出来的时候却买了十件？是的，我们也常常会这样。但是在你将一些物品放进购物车之前，你要问问自己：我真的需要这件物品吗？这件物品很特别吗？这件物品值得我在家中，或者生命中，为其腾出空间吗？

重新审视自己，将自己视为一个管理者，而不是因为同事的压力或担忧而左右摇摆的消费者。我们会在本书第六章中具体探讨评估价值的问题。

用过的等于好用的

有些人对一切二手物品都有偏见。我们认为：这种偏见值得商榷。你可能认为有些物品是不能用二手的（例如，内衣），但是大体上来讲，二手物品还是可用的。事实上，有时候不仅仅是可用而已。

·购买二手的做工精良、使用寿命长的物品花费较少
·孩子小时候穿的衣服和玩具
·大量婴儿用品，使用频率较少

第二个宝宝的到来对我来说是一个很大的惊喜。几年来我一直想再要一个宝宝却一直无果，我一度认为自己不可能再怀上宝宝了，所以我将家中所有的婴儿物品都捐了出去。几个月后，我发现自己居然怀上宝宝了。当我的朋友海蒂帮我给宝宝洗澡时，我问她能不能帮我找到一个给孩子洗澡的二手淋浴器。为什么呢？因为我非常喜欢收藏婴儿的物品，而且我有很多朋友都已经生过宝宝了，她们有很多婴儿用品都可以拿给我们用（我记得她们的原话是，"请把这些拿走，而

且永远不要拿回来了！"）。从那以后，很多人问我怎样才能给孩子买到二手的玩具和淋浴器，下面就是我要告诉大家的具体做法：

列一个清单，将自已真正需要的物品列在上面

当你看婴儿必备清单时，你会发现上面列了大约1382件物品（在我看来，这是件十分荒谬的事情），但是我会将其缩小范围，选出一些最基础的必需品。把这份清单交给朋友，一起研究一下。

和朋友打好招呼，要来他们用过的东西

你可以把列好的清单交给朋友一份，这样一旦他们有什么不想要的东西，就可以立刻通知你。然而，如果你想采用一种更加有条理的方法，你可以像海蒂那样，让朋友们知道自己关心或想要的是什么，这样就不会出现重复了。

其他事情随意就好

最重要的是，我想和朋友们聚在一起，通过这次的二手淋浴器事件，我认识了很多优秀的女性朋友。我真的不在意她们来的时候是不是带了礼物，只要她们来了就好。她们的孩子都已经长大成人了，所以她们也没什么可以留给我的。为了让大家更舒服一些，海蒂向大家表示，非常欢迎她们来家中做客。如果除了用过的物品她们还想带一些别的东西的话，礼品卡或尿布是简单、方便的选择。

保持简单

海蒂非常慷慨大方，她总是喜欢和大家分享一些美味的食物。而且，保持简单的做事方式也完全没有问题。例如，如果朋友们在下午两点到四点之间来家中做客，而你又不想为大家提供晚餐时，你完全可以随意一些，为大家准备一些饮品和小吃。

休产假

根据你的休息时间（以及你所处的妊娠阶段），你会需要别人的帮助。除了像婴儿车和婴儿床垫这样的大物件外，我还收到了四箱二手衣服和玩具。想把这堆东西搬回家，那我真的需要帮手。

轻装上阵

如果你不在家或家中物品有损坏、遗失，你会觉得自己无法像平时一样舒适、自如。先不要急着立刻换上新的东西。仔细想想你会发现，原来那些认为离不开的东西，完全可以精简出去。

有一段时间，家中度过了一段紧张的维修期：需要安装水泵还有很多的管道问题急待解决。所以当制冰机和微波炉也"罢工"的时候，乔恩和我决定体验一下没有这些工具的生活（同时也为了省钱去家具市场置办新的家具）。其实少了制冰器也没给生活带来多大麻烦，直接向冰块盘中加水也不是件十分困难的事情。

5

杂乱无章到整洁一新：为家"瘦身"

　　在整齐干净的房间，你曾情不自禁地发出阵阵赞叹吗？在同时兼备实用性和舒适度的环境中，你能够放松自己，思考人生，这恰恰是一个凌乱不堪的环境无法提供的。孩子们也是如此：如果他们的游戏室（书桌或画画的地方）是整洁干净的，只有少数玩具和必须用品展示在外，孩子们就会有足够的空间进行创造性思考和想象。

　　你想要把家变得整齐、安静，这需要付出时间与精力，非一朝一夕之功，但这种改变完全可能，我们会为你提供帮助。在本章，我们会告诉你如何清理房间，安排并保留物品，最重要的一点就是，让全家人都参与进来吧！

清理房间：怎样顺利进行呢

通常情况下，随着家庭成员的增加，家中杂乱的东西也越来越多，它们像疯狂繁殖的兔子一样与日俱增，废物占据了空地（没错，就是废物）。即使玩具多得足以将孩子们淹没，他们还是抱怨没有玩具可玩。是时候清理了，绝对不要增加废物！（现在不要担心该怎么安排——当你开始清理房间，就不会浪费时间去弄那些最终被扔掉的东西。）

我知道，清理工作可能会让你觉得难以应付。所以我将开始工作分为若干步骤。无论你有一个小时还是十五分钟，都可以做出调整。下面就来看看怎么开始吧：

准备必需用品

准备好归拢杂物的容器。向你推荐：(1)一个装垃圾的垃圾袋；(2)一个装可回收物品的纸袋子；(3)一个装捐赠物的大袋子；(4)一个储藏箱，以便把保留物品放到别处。

确定清理范围

根据现有杂物来确定清理范围。从最混乱的或者是让你最头疼的地方入手，比如说清理起居室角落里的玩具或废物堆，从中获得的满足感会激励你将清理工作持续进行下去。

根据时间设定可实现目标

让自己向成功迈出第一步。与其说："今天我要清理地下室！"，不如设立一个在空闲时间里能完成的目标（例如：整理地下室的几层甚至一层架子都可以）。

一想到清理房间，脑海中便浮现出各种想法，我觉得难以应付。我该把这个东西卖掉还是送人，我该拿它怎么办？我真的需要它吗？我感到犹豫不决，因此我需要把清理工作分成若干小步骤，会以十分钟为单位进行清理或者是每次清理一个小空间，我还可以叫朋友来帮忙。

制定后续处理办法

整理完一块区域也就开拓了一片空间，这可不是简单地物品堆砌，而是要指出如何分类。专门留出点时间，将你整理的东西运出房间。理想的方式是直接将它们送到捐赠站，但最起码的，也要将它们放在车库的空闲地儿或者是汽车后备箱里，以备售出、捐赠或者是当做赠品。关于整理物品，本章中我们将详细讲解。

进入整理环节

既然你已经跨过了从"想"到"做"的门槛，那么这里会给你一些小贴士来帮你进入整理的环节中。

有目标性

测算物品价值是个目标性问题。玛丽乔给出如下评定标准："如果这个东西在一场大火中消失了，我是否需要花钱再换一个呢？"阿萨的观点是："有必要把这个东西送给那些在家呆着的退休人员吗？"（第六章中我们会讲到如何评估价值。）追述：如果你不能快速识别一个物品的意义和价值，那就把它搬出房间吧。

从大物件或者昂贵的东西着手

好的开端是先把那些高价、庞大的东西捐赠或者销售出去。这样，你从中得到的钱或空间会鼓励你继续做下去。还有，当你把整理出来的东西送给朋友或者其他需要的人而非卖掉的时候，你会感觉到去帮助你爱的人是一件多么快乐的事，同时你也拥有了广阔的空间，并且还省得再在它们身上花费更多的时间和精力。

给家里购买了一套流线型音乐系统之后，乔恩和我想卖出一小套立体声系统。开始，我把这一小套系统列在了二手物品网站上，但在那段时间我却很是苦恼，好多邮件需要处理，还要应付别人的讨价还价。我把这些告诉了乔恩，他说："别管那些事了。何不问问托马斯（我们邻居家正上大学的儿子）是否需要呢？"我们把那套立体声音乐系统给他时，托马斯问我们多少钱，我们回答说你喜欢的话就拿走吧。他十分惊喜，而我们也感到很开心。

🌱 避免怀旧情结

或许你在尝试整理物品的时候会遇到让人头疼的问题，也可能是很多问题。盒子里旧情人给你的信件、第一个篮球比赛得到的奖品、过去喜欢露营时（10年前的事儿了）所买的露营用具，还有一堆婴儿用品。

如果怀旧情结使你陷入困境的话，这里有些提示则会帮你保持那股继续整理物品的动力。

消除怀旧情结

怀旧是再正常不过的了，但至于那封前男/女友送给你的信呢？没必要（或意义）存在了。那些关于节日的贺卡还有信件，除非内容重要否则也没必要保留。而那些日记呢，或许还可以留下。根据自己的生活经历去权衡一个东西是否有存留的价值；那些能勾起人生不同阶段回忆的东西当然也可以考虑留下来。

米拉柏是一个多愁善感的人，所以整理她的东西有阻力，会担忧她会因此变得不开心。我们谈过了实物与回忆的区别并且也明白二者没必要附在一起。所以我们把心爱的玩具拍了照，然后储存在数码相册里；这种方式"保留"的物品，即使仅仅是一个图像，也给了她足够的慰藉感，然后就可以整理好那些该处理的东西。这种方法同样适用于整理孩子的工艺品，最后是凝聚了更多成绩的作品。如果你觉得自己还能处理更多的物品，那么到最后你都可以完成一本图画书啦。

以你自己的反应为标准

你对某种东西非常喜欢，那就留下它；如果你坚决不喜欢某样东西，那就果断把它扔了。让不必要的东西远离你的生活是件好事，腾出空间，换来的别样的体验。

不要为了"以防万一"而储存东西

婴儿迎新会（详见第四章）让克里斯汀明白了一件事：她很幸运得到了足够多的二手婴儿用品。由于她的朋友们的馈赠，她为准备婉琳特的降生几乎没花什么钱，她也不会再心疼那些由于婉琳特长大而不能用的东西，她也不用再想是否应该以防万一而存储东西。

我不太确定是否还会要孩子，但是，有一件事我十分确定，那就是我不能接受这样的事：当别人现在需要婴儿用品时，我却因为未来有可能用到它们而自己留着。

我们的填充玩具动物馈赠品（我在第四章提及）是对我的一个提醒。我们收集的越多，我感觉越轻松，无论是在身体上还是心理上，要知道这些物品可能会送到需要它们的儿童手中。捐赠这些填充玩具动物不久，我听说我们镇在为当地居民进行物品协调，把玩具、衣物、齿轮玩具这样的物品分配给急需的家庭。我决心找出一些我未来宝宝可能用到的东西去送给现在急需这些东西的人，我用十分钟打扫干净地下室，找到了一辆婴儿手推车，一个斯纳普牌的婴儿车架，一个木制的宝宝用高脚餐椅，以及两个婴儿健身架游戏垫。这些东西都是我小时候用的，现在看来它只适合留给别的宝宝接着用了。

设立"最后一站"

如果你不能决定扔不扔这个东西，而且这耽误你的时间或者加剧你的焦虑，那么设立一个"最后一站"。这个最后一站其实是一个不透明的包或者箱子，它相当于你没想好是否要扔掉的东西的停留小站。当这个最后一站装满了，封上它，贴上"最后一站"这个标签，然后把它放进车库或者地下室某个被人遗忘的角落。从现在开始给它一年的时间，日子一天天过去，有一天你发现你需要最后一站里头的某样东西，随时都能重新把它拿回来，当然你可能不会这样做。事实上，你可能完全把这个最后一站抛在脑后。一年后，你就会轻松地把它捐赠出去。

这个最后一站可能会变得犹豫不决，所以我们希望你只往最后一站放少量物品即可。这个方法可以让人们认识到扔掉有感情的旧物是有一定困难的，所以它给你机会在不断向前进时，远离这些物品。

❦ 给你的物品找个新家

开始整理不是件容易的事，但你一开始，就很难停下来。但是，这的确会形成一种颇具讽刺意味的阻碍：如果你没有一个明确的计划来把这些东西挪出家门，你新整理的东西会不断增多又会弄出杂乱的问题。除此之外，如果你们的孩子和我家孩子一样，对装赠送东西的包里面究竟有什么很感兴趣（甚至是对里面究竟装着什么感到很紧张），他们要来来回回地翻开看，最后不可避免地以沮丧和眼泪（你的欲哭无泪或是孩子的眼泪）而告终。

我们最好的建议就是选择耗用最少时间和精力的分配方法。如果你乐于在网上或在后院出售物品，那很好，但是如果你不喜欢这样，想想看把这仅仅不到上百美元的杂物分发出去，就当做是对自己的精神健康的投资，送给亲友就是不错的选择。你做的事对自己和大家的益处在未来都会扩展开来。

下面来讲一下把东西搬出门外的几种方法：

捐赠

除了像好意慈善事业组织和救世军这些地方之外，一些慈善机构会出现在你家，用卡车拉走较大的捐赠物（甚至你的旧车会为你减免课税）。

寄售

越来越多的寄售商店以及这种销售方式的专营店（特别是寄卖儿童物品的）正在涌现，因为家长们有回收的需求，发现了回收的优势。额外的好处：当你拿着旧衣服来寄卖时，你会在这里找到适合你孩子长大一点能穿的便宜衣服。

网上拍卖

如果你是网络迷那就容易多了，对于价值高昂的物品我们推荐你使用网络（这些物品值得你花精力挂到网上、与买主交流、运输）。

举办一次小区售物

如果网络不是你所喜欢的，试着办次小区售物。这不仅仅是一次存货展出过程（制作标语、展出物品），而且你还会得到额外的好处，了解你的邻居，你的孩子们会买到一个球，会看到许多有意思的东西，还会出价卖掉自己的东西。（最终目标是不要在把这些东西搬回家）

还有一个很好的选择就是和邻居们组织整条街的小区售物，吸引更多的人。好处是你可以把任意的二手物品送给别人，这些物品摆成捐赠物的模样或者是在这次交易后直接捐赠给慈善组织。

我们家对于小区售物的办法是把孩子们分开，这样他们就不用重新寻找玩具或者居家用品，来送给我们都想给的人。我鼓励他们设立一个带有柠檬水图案的展台，或者单独设立卖他们自己物品的展台。他们开始挣一些钱并且锻炼了他们谈判的能力。这样孩子们就不会在旧玩具的选择上犹豫不决了。

交换

交换是另一种不错的选择，无论你是和朋友交换还是在网上交换。在一些小镇，家长们通过电子邮件和社区板报，定期和小组的成员交换物品及服务。

放在路边

有时重新整理或者回收非常简单，就是把东西搁在路边。我们可以选择登陆免费回收网，为我们提供把你想扔掉的东西列出清单的服务。人们来到这把路边的东西拿走。克里斯汀住在城里邻居家，她简单地把东西放在路边，放着"免费"标志在上面。

幸运的是通常这些物品在一个小时之内就被拿走了，有一次她拿着小块地毯刚刚出门来到路边，东西刚刚放到地上就都被拿走了。开车的人把他们的车停下，询问是否他们能拿走地毯，最终地毯送给了一位新的主人。

抛弃

作为最后一种方法，你可以把任何你不能卖掉的或者不想要的物品送到弃置点。你可以花钱雇一家废弃物品处置公司来你家，把东西搬到卡车中，开车把他们送到指定的弃置点。或者你可以把你的东西拿到镇上的弃置点（查询你们城市确切的废弃物处置规则，确保符合）。

我的一个女性朋友住在富裕的波士顿街区，那里没有固定的废弃物回收点，你必须自己拿着所有东西到镇上的弃置点。开始我觉得"这真是不方便，我讨厌自己把垃圾送到弃置点！"但是朋友告诉我这有两个好的方面：首先，因为你不得不把垃圾放在弃置点，你通过回收物品或者减少消费积极主动地尝试着减少制造垃圾；其次，我朋友镇上的弃置点已经变成了一个热闹的交换市场，在单独的一片区域交换弃置物品。

停下脚步，欣赏你辛苦努力得到的成果

每一次成功的取得中，最重要一步就是：适时地停下脚步，怀着一颗感恩的心为自己喝彩。同样，这也是经常容易被我们忘记的一点，就像在日常生活中我们总是忽视父母对我们的关爱一样。

当你完成一些令人惊叹的事情时，一定不要忘记回头欣赏一下你努力得到的这些成果。如若需要，紧紧地抓住你的同伴（或全家人）说："看看我做了什么？是不是棒极了？我真的为自己感到骄傲！"你一定要非常开心，不要错过任何一个称赞自己的机会，它能给你带来极大地鼓舞。

整理好剩余物品

现在你已经结束了混乱无序的状态，是时候整理一下剩余的东西了，这时你会为你毫不费力就收拾出来地整洁的新环境和你的极简主义育儿精神感到惊讶。

如果你的脑海里事先有一套完善的整理方案，那你就不用再每次都重新思考一遍了，而且你还可以省下许多时间用在自己的工作上。就整理东西而言，它没有什么固定的顺序和方法。米甘·弗朗西斯是

我最喜欢的一个整理东西的行家，他给了我一个很有可行性的建议：整理东西的关键并非是找到一个十分完美的整理方案，而是找到一个符合自己实际的方法，它可以是任何形式的整理方法，也可以按照你自己制订的方案。

下文中我们为你提供了一些小窍门，它们能让你在整理家务的时候既节省了时间又能减少许多不必要的麻烦。如果你需要一整套更为详细的家务整理方案的话，请留意本书后面部分里我们给出的一些最具有实用性的方法。

根据其功能不同明确划分所属区域

当你走进屋子的时候，想一下每个房间里的人都在做着什么。你的脑海里可能会浮现出这样一幅画面：有人正在读书、有人正在玩耍、有人在工作、有人在交谈、有人在做饭、有人在清扫、有人在睡觉……通过明确每一个房间所具有的不同功能，你能更轻松地决定什么地方需要放置什么东西。

拉·里沃思通过博客说道：我们把衣柜划分成不同的区域。妻子的外套放在左边，丈夫的外套放在右边，儿子的放在中间。还在衣柜的上部放三个小整理箱，里面分别装手套、帽子和围巾，并给它们做上标记。这样做不仅使我们的衣柜看起来更加整洁有序，而且也能让我们更迅速更方便地找出我们需要的东西。

对带回家的东西要及时处理

对带回家的信件、校报和其他东西都要及时处理，及时丢掉不需要的东西（而不是把它们暂时搁置在一边，等着以后处理），不要把你不想做的事情硬塞到你的日程表里。

将相似的东西归类装好

篮子、盒子、文件夹和整理箱，这些都是我们居家生活的必备品。在我们看来，它们的大小、形状和颜色都是互补的，所以，它们能帮我们在整理物品时减轻我们的视觉混乱，把房间里的每件东西进行归类，然后放在固定的箱子或盒子里。

梅格通过博客说道：大而结实的尿片包装盒可以留下来，用它们来装孩子穿不了的旧衣服，将这些衣服按尺码分好类并贴上标签留给下一个孩子穿。

佩姬·勒温通过博客说道：我们用宜家的小架子跟塑料吸管（为了牢牢地固定着这个矮矮胖胖的小娃娃）和有盖的塑料瓶（为了使零散的小部件更加牢固）固定在一起做成玩具娃娃，还用藤条编制的篮子做成衣服和拼图，还用它做游戏。

你已经选好了你存放物品的方式，把孩子的每件东西都放在了固定位置（如果他或她已经长到了能玩那些玩具的年龄），这将会让他们更快地找到自己要找的东西，玩得更加尽兴。与此同时，它也将会使你的清洁工作变得更加方便有序。

为每件物品贴个标签

便携式的标签机是我们小配件清单上很值得购买的东西。手写式的便利贴固然是好，但在某种程度上，标签机对我们来说有更大的吸引力，它使我们有更加强烈的购买欲望。另外，孩子们也非常希望拥有一台标签机，但是如果他们能与你一起制作便利贴的话，他们会更加高兴。

佩姬·勒温通过博客说道：如果你有时间并且有这个喜好的话，给每一个饰品收藏箱里的小东西拍照片，然后制成薄片，并把它们作为标签贴在每一件物品上，为以后的使用提供方便（你还可以做得更好，给它们拍照片并在上面写下解释说明的文字）。

用零碎的时间完成一些小事情

充分利用一天中零散的时间，处理一些触手可及的琐事（克里斯汀喜欢在煮咖啡的时候做这些）。让你的家人都加入到处理这些琐事之中，那么当你在一天结束之际做清洁工作的时候就不会觉得太麻烦了。下面我们会给你列举一些例子，帮助你在几分钟里轻松完成整理任务。

门厅

· 合理摆放鞋子（放在鞋柜或是收纳箱内）

· 把帽子挂在衣帽橱里

· 给信件分类，回收垃圾信件，给它们编排目录，并且为所有有用的信件（例如：账单），做一个单独的文件夹

· 定时检修和养护爱车

厨房

· 及时清洗餐具

· 将餐具及家用电器摆放到灶台上或橱柜里

· 及时清除冰箱内变质的食物

· 保持地面卫生清洁

· 及时清倒垃圾

客厅

· 将玩具放到整理箱内

· 把遥控器放到固定位置（抽屉内或凳子上）

· 将抱枕放在沙发上的原来位置

· 保持书架整洁，书本摆放整齐有序

餐厅

· 凳子摆放整齐
· 桌面保持清洁

书房

· 文件和材料堆放有序
· 将饮品装入杯中、罐中或抽屉里

卧室

· 床铺整洁
· 不乱放衣物
· 保持床头柜里整洁干净
· 清除室内障碍物

盥洗室

· 毛巾整齐地摆放在衣架上
· 私人护理品放进固定抽屉里
· 清理柜子里的所有杂物
· 打开浴室里的窗帘，将防滑垫挂在浴盆上
· 置放几卷备用卫生纸

布雷登通过博客说道：清洗婴儿车。居住在纽约这个交通拥堵的大城市里，婴儿车就像是我们的交通工具，而且你也知道，如果把孩子放到车里的后座上，他会把后座给你弄得脏乱无序，所以说婴儿车对于我们这些来说就像是我们的交通工具一样。

清理废纸和电子垃圾

废纸和电子垃圾就像污水这样的生活杂物一样围绕在你身边。现在我们给你出点计策来帮你处理掉（或者是远离）它们。

建一个日常邮件处理程序

每次查看邮件的时候都要快速做一个筛选和删除。打开邮件，把无用的附件、垃圾邮件还有电子传单放在一起；把已付票据放在一个贴有标签的篮子或档案袋里，然后把邮件放在另一个篮子或者档案袋里。

确定固定的时间处理任务项

每天或者是每周都要注意查看一下订单之类的邮件——不管这个方法对你有没有用，都要一直坚持这样做。

减少来信

订阅网上报刊等，要订你感兴趣的，其余的一律删除，同时屏蔽一些垃圾邮件。

尽量无纸化

除非是完税证明、法律文件、未付票据或者是其他官方通知，其他纸质文件你都可以粉碎或重新利用。在你把一些东西归档之前，考虑一下是否可以通过电话或者网络来获取同样的信息呢。

分担这项任务

如果你已经厌烦了处理这些邮件的话，你可以分担（或者交给）给你的同伴。

孩子们的作业和艺术品

孩子们制造了很多废纸。一些是学校里的通知、功课和小作品，一些是在家里完成的艺术品和写作。其中一些是有价值收藏的，一些则不是。这里有几点建议能有效地控制废纸的产生。

当我浏览邮件或者是劳罗递给我一个装满了纸张的学校资料夹时，我立刻就把没用的废纸扔进了可回收箱里然后在我的日程表上标上日期（以后能反复利用这个提醒）。虽然这是件小事，但却帮我防止了厨房变得杂乱无章。

克里斯蒂在育儿博客上说：我有三个附有纸夹的笔记板——其中一个是为孩子们准备的——它挂在了厨房的墙上。学校作业的评语、笔记、生日宴会的邀请函、体育锻炼时间表等等，都写在上面。这个笔记板代替了大量的纸张，但却很有限，这让我不得不把这些事情做些简化。

学会舍弃

在门口处或者是厨房放置一个篮子或者是文件夹，用来装学校所有的作业纸。贮藏箱的每一层都贴上一个标签以便日后识别，当快要装满了的时候，你就要舍弃一些，留下那些真正需要的东西。

陈列出来

孩子们喜欢看到自己做的所有作品被展示出来供大家欣赏，所以腾出一块地方陈列他们的作品既有助于激励孩子们的创造能力又能帮你记住孩子们的作品。

克里斯蒂在育儿博客上说：我买了好多安全性高的墙帖而且大厅里我还设置了一个旋转的艺术展廊。它们真的很漂亮，因为自从我的小学同学们带着他们奇形怪状的东西还有各种艺术品来家里玩以后，里面就收藏了好多大小不一、形状各异的东西。

还有一种很棒的陈列方法就是创建一个数字档案馆，每年都把孩子们最珍爱的物品拍下照片然后收罗到一个相簿里保管起来。

电子邮件

铺天盖地的电子邮件越来越国际化。克里斯汀制订了一个行之有效的"处理电邮三步法"来处理她每周收到的数以千计的邮件。这套方法既帮她有效地避免了回复每一个邮件的麻烦又很好地解决了因为没逐个回复而带来的不便，尤其是由于缺乏关注而引起的对某件事的不了解。

第一步——首要通关

打开电子邮件并快速地把一些"低级"邮件删除或归档。例如：克里斯汀就是把那些没署名邮件删除，把那些署名了却不太让人感兴趣的邮件归档管理，并且及时回复一些急件还有那些在工作理念、工作机会以及整体上都令她满意的邮件。

第二步——回复环节

为了工作的发展需要更多的时间和精力去回复那些电子邮件（比如：设计或起草什么东西、非常重要的思想理念以及制定一个方案等）。

第三步——摆脱包袱

这是最后一次查看那些邮件了，克里斯汀把它看做是"搁置包袱阶段"。这些邮件往往是令人不感兴趣或者让人感到烦恼的，所以我们索性就让它们待在一边吧，彻底摆脱那些数字化或情感化的杂物！

克里斯汀说如果一封邮件她已经接触了三次还没有给予回复的话，那就永远不会回复了。这样的邮件最好是从收件箱里删除掉，以防影响日后工作效率。

这套方法的确有效！在我写这篇文章的时候，克里斯汀的收件箱里就只有二十一封邮件啦！

相片和视频

阿萨记得她非常喜欢自己的第一个数码相机。因为这意味着她不再有成堆的疏于整理的照片，而似乎她总不能好好整理或者丢掉那些照片。但是电子版的相片和视频也存在自身的缺陷，因为太容易拍摄和保存，造成了另一种"凌乱"。以下是一些关于如何保持一切事情在掌控之中的小建议。

做一个"无情的"编辑

克里斯汀已成为一个"严酷无情"的相片编辑，因为她更重视相片的质而不是相片的量。她尽可能为少量的收藏照片而努力。她删除重复的和不好看的照片（例如，照片中有人半眯着眼，塞满东西张着嘴，等等。），那些无聊透顶的，没有什么故事的照片也会被删除。

使用下载、编辑系统

首先要培养下载的习惯，然后对你下载的照片和视频进行编辑、归档、备份。如果你小批量的进行整理，这个过程就会变得简单许多。如果需要的话，列一个循环任务清单来处理那些照片。

数字化分块处理

　　要是你已经有许多电子相片和视频，而且它们也亟待处理，请不要烦恼。分段分批处理它们。考虑一下，以后几天，每天只花费十分钟来编辑它们，然后把编辑好的照片放入电子相册里（大多数软件有这个功能），最后将备份好的东西存入另一个磁盘或者在线服务设备中。

　　额外的好处：一旦你整理好了你的"收藏"，节日或者一些特殊场合的相片整理任务（例如，电子相册、电子日历、写真集）就可以很快完成了。

维持极简之家

　　一旦你的家庭已极简化，只要你有规律地布置，维持和谐的整理和组织状况就很容易了。你已经做了最难的一部分，现在让我们完成最后一段"路程"。将这种维持极简之家的状态固定在你的大脑，使之形成惯例。

接受你作为"馆长"的这一新角色

　　当你想要把一些东西搬回家里时，请记着你现在已是一些特殊物品的管理人了，当你想购物时请记得这一点。购物时犹豫不决没什么问题。只要你购买的是可以退货的物品（并且你保存好收据了），之后你就可以改变想法把商品退掉。但是最终你的目标是在购买的时候就做出明智的决定，这样就可以免去退货的麻烦。

按部就班完成家务事

小小的日常清扫工作会令你的家完全不一样，哪怕是每天晚上十分钟的清理也会卓有成效。每个人都能拿出十分钟（要做到这一点，读读我们给出的小窍门）。当你发现你正想要倒头大睡时，因为太累而不能去清理，要提醒自己，睁开眼睛就能够看到一个整洁的房间本身就是一种投资，这种投资能够保证日常的愉悦和活力，把它当做是自己送给自己的礼物吧。

利用外面的资源

在家里留一些基本的东西（例如，绘画工具、玩具），让孩子们在体育馆，美术室或者在当地的图书馆玩耍。计划好互换玩耍约会的时间，这样就能让你的孩子和朋友们在彼此的家里玩不同的玩具了。

让更多的人参与进来

保持所有东西整洁有序是件既耗时又费力的事情。这部分是本章节的结尾，在此我们会探讨如何"让更多的人参与到极简育儿法行动中来一起整理家务"。你不需要也不应该一个人完成所有家务事。

与他人分担你的工作

如果你有爱人或同伴，不妨一起商量着完成任务，而不是自己一个人承担所有工作。如果你想让你的同伴跟你一起做一件事，一定要主动告诉他/她你的想法，不要自己一个人胡乱猜想和抱怨。

你也要明白，你的同伴可能正在思考着用另一种不同的方法来做好这件事情，他的想法可能跟你的一样，也可能比你的更好。

乔恩洗衣服的效率着实让我震惊，他有自己独特的方法。每次洗完衣服后，他会先把衣服倒在地板（或床）上，把每个人的衣服都分开，然后再叠好。这要比先把所有衣服一起叠好，再将每个人的衣服分开快很多。

最后，请记住：这种与他人一起分担家务的方法在以后的生活中一定会让你轻松很多。在第三章中我们曾讲述了更多关于与他人分担家务的具体内容。

让孩子尽早参与进来

如果你能更早地让孩子加入到整理家务的过程中来，你的孩子将会做得越来越好。对大多数孩子而言，在帮助父母整理家务的过程中形成的控制力也会让整个工作变得更加顺利。我们曾在第三章中为你提供更多有关整理家务和家庭责任的内容，下面是一些很好的关于如何让孩子加入到整理家务中的小诀窍：

的拉·里沃思通过博客说：制作一个"大扫除"的音乐播放列表，然后在与家人（或者是与在你家里的朋友）一起打扫卫生的时候播放。我们的播放列表里有《我爱劲舞》《烟火》《美好的日子》《崭新的一天》，还有许多其他欢快的歌曲。如果我的孩子们都来帮忙整理家务的话，我们就会一起快乐地唱着跳着，很快把客厅收拾得干净整洁。

杰登通过博客说：我会加入到我女儿清理房间的过程中，但有时候她做的一些事情会让我很纠结，因为她总是想扔掉一些我不想让她扔掉的东西（例如其他亲戚送给她的书）。我认为我应该在这些事情上给她树立极简主义育儿的模范，所以，如果她真的想把那些东西清理出去的话，我也应该赞同她的做法。

布雷登通过博客说：在厨房里我有一个精准的计时器，我跟我的孩子们说："你们要在多少分钟里把这里打扫干净，然后我们再做另一件事。"时间一点点过去，我们使屋子里所有的东西都井然有序，把屋子整理地干干净净。所以，我认为整个过程中我的监督是孩子们能跟我一起完成清理任务的关键。

找个朋友帮你分担

如果你有一个全能的朋友，那么你的整理和组织工作会变得更加迅速。如果你正忙于一件事情无法分身，不妨让你的朋友帮你分担一下，这样你的整理工作会变得更加容易，你就能有更多其他的时间跟朋友一起玩乐了。

雇佣专业人员整理家务

你可能会很忙不能花费过多的时间整理家务。如果能支付得起的话，雇佣专业的家庭清理工，这对崇尚极简主义育儿的父母来说是一个极好的投资方式。

虽然乔恩和我每天都要上班，但我并不介意做整理的工作，即使打扫这件事对我来说有些棘手。我的意思是说，虽然我的空余时间弥足珍贵，但如果我能做好一件事，我并不在乎做这件事的实际过程有多艰难。坦白讲，如果让我在刷马桶和陪家人之间做选择的话，那么，答案简直想都不用想。

乔恩是不太情愿做打扫的。但我们最后得出结论，不用做彻底性的大扫除，事情会更好些，并且网上当地短暂的劳务交易日益流行（一次打扫折扣50%），然后我对乔恩说道："我们必须尝试一下，就每月请一次清洁工吧。"

清洁工来到家里打扫后，能让我们的家干净短短几个小时而已。奇怪的是，乔恩和我对此却转变了想法。老实说，从经济角度来看，花钱雇清洁工比自己去做几个小时打扫更划算。乔恩和我妥协了。我们继续让清洁工一月来一次，然后平时我们自己再稍微地做一做打扫来保持清洁。花钱要讲究成效，彰显明智。我打算给我的妈妈（她每周来家里陪我的女儿）也雇佣一个一月一次来做打扫的清洁工。我想这是有史以来我送给妈妈的最好礼物了。

简化物品的最大挑战就是开始。现在你已经知道了如何入手、如何进入的步骤以及如何清除障碍，那就可以利用它们在短时间内去完成你的有形目标了。你并不是孤军奋战，也包括你的家人或者是外包人员，让他们和你一起做最费时间和精力的任务。这样，你的头脑会更清晰，家里也会更干净了。

6

简约生活的
理财之道

金钱似乎是十分简单直接的东西。终究，它只是一场数字游戏，你要么有足够的钱，要么没有。对吧？但是，现实生活的经验告诉我们：一切与金钱相关的事情，无论是思考金钱、使用金钱还是管理金钱，都不是件简单的事情。事实上，理财的过程掺杂着更多情感、文化以及社会生活方面的预期和压力，而这远远超乎大多数人的想象，也远远超过大多数人愿意承认的范围和程度。现代社会的思想趋势是，认为钱越多，能解决的问题越多。殊不知，实际上人越富有，生活反而越复杂。

你现在想的是，"我很愿意尝试一下那种复杂的生活方式。"我们听到了你的心声！谁会拒绝在自己的银行存款余额上增加一个或两个零呢？更多的金钱可以带来更多的自由和选择，但这只在某一点上说得通。一旦你与家人的基本生活需求已经得到满足，你的日常花销不受过多限制，那么你的生活将愈加"拥挤不堪"，而这正是我们极力想要解决的一些问题。

虽然在金钱方面，"物以稀为贵"的原则并不适用，但在本章中，我们希望可以重新构建起人们对于家庭理财方面的认识。我们并不是理财专家，相反我们正像所有的普通人一样，生活在现实和金钱的错综复杂之中。我们将理财视为是接近理想生活的一种方式，更将其视为一种技能，教诲我们的子女。如果清晰条理的生活是你之所需，那么你有必要对目前的理财方式加以思考。一旦你将自己的生活简化，你会发现，自己早就已经有充足的资金实现期盼已久的目标。

"简约"并不意味着"最少"

我们既不打算什么都不让你买，也不会让你放弃健身和美食。"简约"并不等于"最少"。

关于节俭的探讨有时会止于"省钱"。但是，省钱是为了什么呢？当我们强调了解自己和家人的重要性时，对自身价值的定义将会发生根本性的变化。当你开始考虑自己的理财问题时，你可以扪心自问，哪些东西值得我珍视呢？

如果这个话题让你觉得似曾相识，那是你想起了我们在第二章中关于时间问题的探讨。时间和金钱都是有限的资源，所以智慧地利用它们是简约育儿风格中至关重要的一部分。由于时间和金钱在本质上是相互关联的（通常，拥有其中的一个越多，另一个就会越少），这个问题就变成了：如何达到二者之间的平衡？怎样能利用金钱这一工具增加并丰富自己的时间？

判断自身真正所需

当你简化自身的理财问题时，问题的中心就从"我拥有的足够多吗"转变成"我真正关心的是什么？"。一如既往，这种探讨总是从你和你的家庭开始——你独有的需求、需要和优先考虑。

我们并不希望自己购买的东西比别人少。克里斯汀喜欢用艺术装点家居（她喜欢支持自己的一个搞艺术的朋友，这个朋友创作了很多美丽的画作），用醒目的配饰装点自己的橱柜（抑或保持服装的简单）。阿萨在很多方面都是个吝啬鬼（这也给她带来了一些问题），但是将钱"挥霍"于旅游或现场演出上，她却连眼睛都不眨。

所有这些都需要金钱的支持，而且需要很多钱。但是其中的诀窍就在于弄清楚"花销"和"投资"之间的区别。"花销"就是支出，这很简单易懂，但是"投资"却通过让你空出时间去做更为重要的事，抑或让你有机会体验自己认为应优先考虑的事来丰富自己的生活。将花销提升为投资的关键是"意义"和"长期收益"。对于不同的家庭，这二者所指各不相同。例如，如果你将家人的健康置于首位，你会将更多的钱花在生活必需品、膳食计划、烹饪和营养学资料的阅读上。

我们竭尽全力缩减开支，这样一来，我们就可以将资金投入到投资上去。消费并不是问题所在，把钱花在无关紧要的地方才是问题的根源。当你评估自己的理财状况时，尝试着从花销和投资的角度考虑资金流动。问自己下面几个问题：

我真的需要吗

需求真的是一个变化多端的角色。如果你需要一台昂贵的立式搅拌机吗？如果你不喜欢烘培，答案一定是否定的。但是，对于那些可以从烘培中享受到乐趣和家庭时间的人来说，答案也许就是肯定的。值得注意的是，也许你想要这台搅拌机，但是你的另一半可能需要打磨工具。对于这些酌量开支，谁来掌权呢？这就是将家庭价值和优先事情拿出来同大家一同讨论的价值所在。

当你以一个审慎的态度审视这些问题时，要清醒地意识到"人人都在买"这个陷阱。将你的注意力集中在自身认为有价值的东西上，而不是周边世界迫使你去买的东西上。一个专业尿布处置系统对你来说重要吗，不。这些视频影像会让你的宝宝更加聪明吗，也许不会。

特伦特通过育儿博客说道：我的方法就是将我买来的东西从头至尾看一遍，然后问自己是不是还有比这些更想要的东西。所以，如果我打算花十美元买一本书，我就会问自己有没有比这本书更想要的东西，比如拥有我自己的家。哪一样对我更重要呢？换句话说，理财问题归根结底是价值观的问题。

另一个陷阱是：竭力弥补自己童年时留下的遗憾。也许当你购买那些父母支付不起（或认为没有价值）的奢侈品时，内心会产生极大的满足。很危险的是，这种习惯与用钱解决问题十分接近，而这可以通过接受和内省有效解决。走近一步，近距离观察自己的需求，敞开自己的心扉，看看什么才是自已真正所需。

拉丝里通过育儿博客说道：教育孩子"想要"和"需要"之间的区别。不要只是说教，要做出榜样来。一场家庭灾难要求我完全重新评估我们的消费习惯。过去的三年里，我可能没给自己添什么新衣服、新鞋子，但是我的宝贝们十分快乐，他们得到了悉心的照料和爱护，也感受到了自己一直被爱包围着。

我真的喜欢吗

"想要"并不仅仅是简单的两个字。我们都想要很多东西，这是十分自然的，也是可以理解的，但前提是，我们一定要清楚地区分"想要"和"需要"之间的区别。

与此同时，"想要"和"热爱"之间的区别也十分重要。热爱某件事物，真心实意地热爱某件事物，这是介于"想要"和"需要"之间的特殊类型。生活中我们都需要美和愉悦，某些事物和经历，或大或小，都体现着美和愉悦。这种美和愉悦或许是家中收藏的盐瓶，让我们回想起爷爷奶奶的温馨；或许是织衣服的昂贵的纱线；抑或许是身边画廊里的一幅艺术创作。在你谨慎选择时，你喜欢的事物就是为你生命中的愉悦投资。

我会从中受益吗

有时，用金钱换来的东西会改变我们的一生。大学教育、一次假期、一辆让你走出汽车探索周边环境的自行车或是一只宠物（虽然这会让你投入大量的时间和金钱，但是，对于一些人来说，这是非常重要的命运改变者）。我们不能预测"大事要事"会于何时何地发生，但是请聆听自己的内心，当你看到潜在的改变一生的机会时，会有一种活力和生命力由内向外散发出来。

坐在父母的咖啡桌旁，手中拿着一本厚厚的米开朗基罗的艺术杰作，这就是我的童年。我不得不承认，小学时最吸引我的是里面裸体的男性造型（你必须承认《大卫》真的是十分健壮）。但是如果真的让我静下心来思考那本书带给我的东西的话，那就是去意大利旅行的欲望。大学时我去那里待了几周，并修了一年的意大利语课程，去佛罗伦萨的学院艺术画廊见大卫"本人"。现在，我们正在研究办法，让孩子们也有机会一同参观意大利。

这会对生活的其他方面产生积极的影响吗

虽然一般说来，减少花销是省钱的最好方法之一，但是有时，在某方面的投资可能会使我们的生活更加简约，更有价值、有意义。

十三年来，我一直和乔恩共用一辆车。考虑到我们一直生活在市区，所以这也不成问题。但是自从乔恩开始在一家诊所上班后，大多数时间他都需要开车，因为那里的公共交通工具实在是让人难以忍受。但是我们十分犹豫，因为我喜欢健康出行（我后悔承认这一点了，因为这可能显得我有点沾沾自喜），所以当我需要用车时，我就会选择汽车共享服务平台。每天放学时，我和劳罗都走着回家，除偶尔的暴风雪和季风外，这还是可以接受的。

但是当婉琳特来的时候，我们旅行时就不得不轻装上阵。很让人失望的是，很多可以为旅途增加乐趣的东西都无法携带（如乔恩的吉他）。整体安排还算可以，只是我还需要兼顾劳罗、婉琳特。比如，劳罗的儿童座椅、婉琳特的车辆座椅、一辆折叠式婴儿车以及我们所有的包裹，或者有时我们没有车，只能改变出行时间。

当婉琳特大约六个月大的时候，我们发现自己的处境压力重重。因为我们只有一辆车，所以和送婉琳特去托儿所相比，雇个保姆更轻松一些。起初这个办法还是有效的，但是不久我们就清楚地意识到我们必须做出改变（而且必须很快做出改变），因为我们的保姆做出了一些奇怪的事情。

我和乔恩花了大量的精力努力改变现状，想出了多种多样的家庭儿童看护方案和通勤选择，所有这些家庭琐事全都堆在了一起，我们必须赶快解雇这个保姆，并立即找到一种新的安全的儿童看护安排。

最终，我们决定战胜自己，再买一辆车。我不得不承认，这笔开销让我的家庭资金陷入了危机。我们不再是只有一辆车的家庭了！但是，为什么我会如此热爱"只有一辆车"这个标签呢？我们买了第二辆车（二手的），立刻，所有的事情都"柳暗花明"了。新的解决办法出现了，所有的情绪问题和家庭琐事全都迎刃而解了。我们完全有能力解决婉琳特的看护问题了。

幸运的是，就在这时，劳罗以前的托儿所的位置又开了一家新的托儿所，这样一来，在接送孩子的问题上，我和乔恩就可以分工合作。这样不仅可以保证我们两个准时上班，而且两个人的压力也可以相互分担。

我们可以送劳罗和她的朋友们到处游玩并融入到"家长圈"中，和其他家长们谈论学校、足球和聚会。当我的亲朋好友来家中拜访时，我们这辆八人座的车完全没有任何问题。我真的不敢相信我们没能早些做出这个决定。

简约理财之道

如果你不能平衡支票簿或跟踪预算，你能成为一个负责任的理财者吗？当然可以！（仅凭这一点就完全值得买这本书。）正如生活中的其他事情一样，理财并没有绝对的对与错之分，而是你基于目前所处的正确的那一点和你所需的前进方向创造的一个过程。

如果你在理财方面做的还可以，每个月都有足够的钱支付账单、看一两场电影，但是却存不下多少，那么你可以通过分类来追踪大型的开支，忽略那些细枝末节。如果你已经有些认识，那么你将获取充分的数据改变目前的消费状况，在你的储蓄之路上迈进一大步。但是，如果你的信用卡债务越陷越深，每月都是"月光族"，那么你需要在预算方面多花一些时间和精力，这样你才能成为金钱的主人。这些都没关系。你可以从现在开始，向着这个目标努力。

密切关注资金流动情况

钱进钱出，这就是资金流动。在改善自身的经济状况前，你需要弄清楚自己目前的处境。身处信用卡和借记卡消费、电子薪水存入、自动账单支付等等一系列资金流动的链条之中，想要在经济生活中忽略现实，真的是一件再容易不过的事了。

第一步，密切关注自己在一至两个月内的收入和支出。是的，这是一个很讨厌的过程，因为你想要迅速行动，将问题立刻解决。但是密切追踪你的资金流动情况有助于发现问题所在。也许问题在于将太多钱花在食物、话费或生活用品上。也许你是一个有多重收入来源的自由职业者，恰好最近一项工作的薪水不如其他的那样多。如果你不了解自己收入和支出的大致金额，你怎么会知道问题出在哪里呢？

如果你想要的只是高级信息，那么你只需登录银行的在线系统就可获得。有些银行还可以提供支出跟踪服务，再加上所有和你相关的资金信息都存储在银行里，所以想要获得这些高级信息并不困难。

辛西娅通过育儿博客说道：对于那些不能处理大量数据信息的人来说，我有一个非常简单的电子表格。每个月我都是用这个表格对我的支票账户的资金流动进行跟踪。我从账户结单上获取数据（因为无论如何我还是遵循我的支票簿）并将其输入到表格中，整个过程只需花一分钟的时间。接下来，无论是收入和支出，还是下半年的资金计划是否需要做出调整，我都了如指掌。

如果你想掌握更加详细的信息，可以将日收入分类并录入，或者你可以申请个人理财的服务。这两种都可以直接将你的资金信息从银行转入，省去了令人厌倦的数据录入工作。最重要的是，你需要找到那种令自己最舒适的信息详细程度。

凯里·惠伦通过育儿博客说道：这个之所以叫做个人理财是有其原因的。我认为缓解理财压力的关键是适当地有所缓冲，量入为出。可能自动化支出、账单支付和储蓄受到一部分人的青睐，但是其他人（包括我在内）更喜欢自己动手。花上一小时或一周的时间进行家庭理财会让我对家庭支出了如指掌。

最后，承认自己理财时的愧疚和焦虑是有意义的。"我们的资金状况怎么会变成这样呢？""我们怎么支付得起孩子上大学的费用？更不用说退休的时候了""我们怎么才能存下钱来应对突发事件呢？"，你的这些问题都是合情合理的，而且问题的答案都是有针对性的。与其担心自己如何逾越"现在的自己"和"理想的自己"之间的这道鸿沟，不如想想自己迈出了多么勇敢的第一步（是的，你非常勇敢！），自己接下来应该怎么去做。你正在不断进步，这才是最重要的。

打造经济基础

一旦你已经对自身的经济状况有了整体的掌握，你就可以调整自己的支出，并制定一个计划。这些是打造坚实经济基础的长期优先选择。

应急储蓄

努力工作，争取将三到六个月的生活费用存入到应急储蓄账户中。这里所指的生活费用指的是基本生活费用：抵押或租金、食物、公共事业和生活必需品。这样即便出现什么变故使你失去生活来源，你还可以坚持几个月。

退休储蓄

一旦你的应急储蓄计划搁浅，先从每个月的退休储蓄开始似乎还是可行的，并且以后逐月增加。你需要铭记于心的是：尽早储蓄得越多，整体需储蓄的就越少。复利是我们的朋友，尽量不要担心这对于现在来说是否"足够"，只要已经开始就好。

大学教育储蓄

是的，退休储蓄在先，大学教育储蓄在后。因为没有人会给你退休的奖学金。

作为一个完整的理财计划，还有其他方面的内容需要包含在内（如，保险、财产规划），但是何必在一开始就这样压迫自己呢？无论如何，这还是一个很好的开端。如果你想要进一步探究个人理财，我们会在本书的结尾处与你分享一些珍贵的资源。

减少开支

花得越少，存的就越多，这是一个十分浅显易懂的道理。但是如果想弄清楚应从哪里开始，却是十分困难的，尤其是当你的生活已经是精打细算时。这个问题的答案就藏在我们在本章的前面所讨论的内容：确定哪些是自已真正认为有价值的东西。

还记得我们在本书第二章中画的那个阐明自己想要如何利用时间的"多与少"清单吗？这个清单对于理财同样适用。看看你在资金流动追踪中漏掉的数据，想想自己把钱花在了哪些无足轻重的小事上。具体情况因人而异，下面列举的是一些普遍存在的"元凶"：

· 高端物品，如一座面积大于自身所需的房子或昂贵的汽车费用/保险，但是实际上这辆车你根本就不经常用
· 高端电视频道，但是你却很少看电视

· 长途电话服务，但是大多数时候你都用手机

· 外卖，但是只要有一点点饮食计划就可以解决晚餐的难题

· 昂贵的周末娱乐，但是骑单车、棋盘游戏或公园里的免费音乐会也同样乐趣非凡

· 高价旅行，但是创意的"宅度假"也同样会给你带来足够的惊奇与刺激

卡伦通过博客说道：提及作为父母在预算方面的简约之道，我的观念是"80年代的父母会怎么做呢？"我把自己小时候做的事情全都想了一遍。我努力用一些旧时的但是却美好的乐趣养育我的孩子。我们一起玩威浮球、足球，一起在家看电影。遇上特殊的节日，我们会"挥霍"一下，经济比较宽裕时，就一起去看棒球比赛。当你确定了自己的优先事情并确定了预算后，你就会学着如何成为一个有创意的人。

记住极简育儿的要点之一：在不断修正和改进的过程中可以使我们日趋完美。在支出方面做出一两个改变，看看自己感觉如何，接着再做出更多的改变。循序渐进，你会发现减少支出的过程一点都不痛苦，而是带着一些尝试和自愿的情绪。虽然生活中可支出的钱少了，但是你却收获了一种远远超乎想象的快乐生活。

增加收入

储蓄等式的另一端是收入。收入和存款一样，都是越多越好。是的，是这样的，只要你不把钱花光。高的薪水就需要超多的"需求"，就如同一间大房子需要很多东西将其填满一样。

关于增加收入的另一个棘手的问题是：如果你想赚更多的钱，你就要牺牲自己的空余时间。在你准备投入一项工作之前（或第二份工作），你可以和你的另一半讨论一下，确认自己是否真的心甘情愿做出这种牺牲。另一方面，室外工作也许正是你所需要的。例如，如果你渴望在外面的世界中与他人进行沟通交流，那么这份有偿工作将远远不止工作和薪水那么简单，而是会为你的生活创造奇迹。

如果你和家人都认为增加收入是个可行的办法，而你也甘愿将大部分钱存起来，那么你将享有更多的权利。你知不知道一些睿智的投资方法，可以用金钱换时间呢？也许雇一个清洁工将是一个不错的选择。你不仅可以腾出更多的时间，而且也会帮助你做出进一步的投资。

至于如何增加收入，克里斯汀介绍了两种观点：

自从离开学术界成为自由职业者以来，我一直坚持两种观点，而事实也证明这两种观点令我获益匪浅。第一种是对于自己想要获得的事物制定目标。也许很多人对此不屑一顾，但是乔恩和我都坚信这种观点会给我们带来极大的动力和影响力。一旦你确定自己想要一种什么样的生活后，你将斗志昂扬。这并不是那种神秘离奇的事情，并不是你说"我希望明天中彩票"就真的美梦成真。与此相反，制定目标会让你审视自己的生活，看到自己已有的，确定哪些是自己可能获得的以及哪些是你应得的、想要的。目标并不总是和钱相关。但是有一年，当我审视自身的技能和目前的工作时，我说"我做得非常不错，但那是我应得的（我说出了比我目前的收入高出很多的薪水）"。我制定了这个目标，然后开始朝着这个方向努力，到了第二年，我成为了自己想要成为的那个人。

第二个观点涉及我从乔恩那里学来的一句话：机会有时很危险。当你迫切想要获得成功时，路上的每一个机会都十分诱人。在你准备抓住机会时，预测一下自己的第一反应（开心、局促不安、失望等等。）并评估一下所需付出的时间或金钱。如果你的内心告诉你应该"紧急刹车"，向这个机会说"不"，那么请忠实于自己的内心，这不会是你的最后一个机会。坚持住，直到你遇到了那个既给你带来金钱又让你感受到愉悦的机会。

简化理财步骤

基础结构是理财过程中可简化的另一步骤：银行存款、储蓄账户、信用卡、账单支付以及这几项是如何协调运作的。你在财务系统方面浪费的时间越少，你就不会觉得理财是一项累人的工作，而这种方法也会更加有效。

如果日常开支项比较稳定，那么跟踪日常开支就变得十分简单。一些家庭选择用活期存款支付一些不可随意支配的账单（如，抵押、保险等），将可自由支配的开支归结到一张银行卡上。我们的一个博友想到了这样一个简单易懂的方法：

杰西卡通过育儿博客说道：第一个月时，我将现金取出并分别装在几个信封里。我甚至从来都不随身携带信用卡，只是带一个信封。这样一来，我就可以确保将自己的支出控制在很少的预算内。

如果携带现金很不方便，你可以携带礼品卡。

自动化支出、储蓄和账单支付

提及自动化理财，有两种说法。一种是说，你对此思考得越少，你越有可能将储蓄计划坚持到底。另一种是说，自动化就等于不闻不问，而这正是问题的一部分。

只有你自己才能判断自动化是会帮助还是会阻碍你实现理财目标。我们喜欢自动化操作，因为这样可以让我们少费一些脑筋，将精力放在其他追求上。将拿在手里的薪水直接存进银行，让自己逐渐熟悉和适应银行在线系统，看看自己可以建立哪些自动化服务（如，账单支付、转账）。

金女士通过育儿博客说道：妈妈总是告诉我"先要养活自己"。有了薪水直接存入账户和自动转账业务后，这就变得更加简单了。

我们的储蓄自动分成长期储蓄（目的不明）、短期储蓄（近期消费，通常是房子）、休闲储蓄（仅为我和丈夫二人）和我们的联名支票账户。

虽然我想将一部分钱存进主支票账户以备不时之需，但是大多数时候，我们会对剩下的钱进行管理。一般到月中时，我们的余额就不多了，这就意味着剩下的几周我们必须要节俭了。虽然我们将存款分类存放，并一再突破存款的极限，但是我们意识到，我们手头上还是要再存下一些。

艾德里安娜通过育儿博客说道：我们建立了分离账户，将其作为大型（无聊的）年度支出的代管账户：财产税、保险费、汽车许可等等。每年，我会将上一年的全部费用除以工资结算周期（对于我们来说是除以12，因为我们的工资是月结的）。我们直接将需支付的费用金额外加一小笔支付利息波动的费用存入账户中（每年约为150美元）。这样就算有较大型的支出，我们也不会手忙脚乱的到处凑钱。

再强调一次，从小事做起。如果多个账户之间的转换让你头痛不已，那么你可以先从每个月向储蓄账户内转入50美元开始。一旦你越来越适应与钱打交道，你很快就会找到更多节省时间和精力的方法。

请专业人士帮忙

你可能很赞同这种节约的理财方式，但是一想到整个理财过程，一定觉得头都大了。如果你真的有这种感觉，那就请个理财助手（如会计师、财务计划师、记账员等等），这样无论是对于你的财务健康还是心理健康，都是不错的投资。

让我们再一次向你保证：想要学会良好的个人理财计划的基础知

识是十分简单的。只要你平时阅读一点点相关方面的知识，就会助你一臂之力（本书的末尾参考资料部分会给你一些建议）。即便你打算聘请理财助手，学习一些相关的知识也是有帮助的，因为这样你才可能提出更加聪明的问题。公正的建议同样可以帮助你实现从"思考"向"行动"的飞跃。

史黛西通过育儿博客说道：我和丈夫二人试遍了这本书中提到的所有方法，但是我们还是会成为"月光族"，对于其他人有效的方法在我们身上就是不起作用。但是，我们最终还是找到了解决办法，那就是财经贸易大学。几个月前我们开始在那里上课，而这也确实永远地改变了我们的生活。

教孩子理财

无论你的家庭经济状况如何，你都可以将一些基本的理财技巧教给他们，告诉他们手中的钱应该怎么花，到底是花在自己身上还是他人身上。下面给出的是一些入门知识。

收入

学习理财时碰到的第一个词就涉及对收入的理解（如，钱并不是树上结出来的）。无论是孩子收到的礼物还是工作的报酬，收入是理解省钱和优先消费机理的第一步。

零用钱

你可能决定给孩子们零用钱,以便于他们学会如何计划性消费。你的计划不必过于复杂,只需想出一个合理的每周零用钱金额并坚持下去就可以了。至于何时开始,我们觉得在小学教育的早期比较好,因为此时数学和数字是孩子们学习的重心,也就是说,在孩子大约七八岁的时候开始最好。

至于零用钱的金额,这真的完全取决于你和你设计的体系。有一个经典法则就是,孩子几岁,就给几美元。如果零用钱只是一种象征性的支付,那么这个数额就太多了;但是如果你希望孩子可以学着承担更多消费上的责任,那么这个数额就很少了。

瑞尔和我发现,到了给孩子们发零用钱的时候,我们两个身上总是没有足够的现金,这样一来就会降低整个实践活动的效力,所以我们决定使用一种基于应用程序的移动借记系统。使用这种工具后,它会自动把孩子们每周的零用钱打到他们的账户上。如果有人需要买东西,我们会从孩子的零用钱中扣除。这种方法的美妙之处在于:每个人都知道自己还剩多少零用钱。

有偿做家务

做家务可以培养孩子的基本日常技能,同时也可以减轻家长的家务负担。虽然有一些家长认为,孩子不应该因为做家务而获得报酬,但是有一些家长用这种方法鼓励孩子们做家务,并让他们体会到用自己的劳动获得报酬的道理。值得一提的是，这两种想法还是有其相交的部分的。

　　在我和我的兄弟姐妹们还小的时候，我们工作的非常努力，非常非常努力。无论是在放学后、晚间还是周末（我开始在小学工作），我们既做家务，同时也在爸爸妈妈的市场上帮忙。所有的工作都是没有任何报酬的（直到很久之后我在高中时才有报酬），但是在我的印象中，我们没有一个人为此抱怨过，这就是我的家庭和维持生计的一部分。

　　显然结果就是，当我做母亲时，我对这种有偿做家务的做法十分气愤，因为我觉得家务是一种自愿的帮助行为。我意识到劳罗是一个乐于助人的孩子。我们不需要强迫她帮助别人，这就是我们不支持将家务同报酬联系起来的原因。

　　去年，乔恩和我突然产生了一个折中的想法。我们每周给劳罗一些零用钱（3美元），这样她就能亲身体会到这种储蓄与花销的权衡。即便如此，劳罗还是会帮助我们做家务（如洗衣服、整理房间），不要任何报酬。但是，如果出现了一项比较辛苦的工作而且我们觉得比较必要的话，我们会主动给她一些报酬，但是收不收下就全由她自己决定了。

　　知道有意思的是什么吗？有时劳罗会主动拒收或少收报酬。记得有一次，我们支付给她洗车的报酬，劳罗说："妈妈，你知道吗？只给我一美元好不好？因为我真的十分享受这份工作。"

红包

　　不知从何时起，孩子们开始收红包。不管金额大小，最后加到一起时，都是个不小的数目，而这正是教导他们储蓄与花销的最好时机。

有偿工作

　　孩子们从实际、有用、有挑战性的工作中收获技能和自信。随着他们年龄的增长，他们可选择的能胜任的工作也就越来越多。在他们成长的旅途中给予鼓励，你会惊讶于孩子们的成长速度。

　　我仍旧清楚地记得在我刚升入大学的那天接到的妈妈打来的电话。当时我正在崭新的宿舍里，只听到妈妈在电话的另一端对我说，她和爸爸不能支付我上大学的费用。这个消息一点都不鼓舞人心，而是十分现实的，因为我是家里第六个上大学的孩子。快要挂断电话时，妈妈对我说，"无论如何，我们都不担心你，因为你总是能想到解决问题的办法。"

　　尽管我并不希望将这种压力强加于任何人（虽然我着实在学校的经济资助管理中心大哭了一场），但是毫无疑问的是，这种情况培养了我的工作热情和自信心，而这正成就了现在的我。我学会了如何安排时间和做好预算。我学会了怎样找工作以及如何在精英环境中发挥自己的长处。我学会了在忙忙碌碌的快节奏生活中学习自己所需的工作技能。我意识到，如果工作的结果对我来说意义非凡，那么我可以工作的非常非常努力（每年夏天，我的时间都是这样安排的：白天做一份职员工作，晚上下班后乘车到当地的一家冰淇淋店工作。是的，这样工作下来非常累）。整个大学期间，我从来没有落下过一节课，除非是我已经"病入膏肓"，因为我是经历了暑假里漫长的打工生涯才有机会坐在教室里享受这种"特权"的。

也许最重要的是，我切身地体会到了父母赚钱的辛苦，我更加理解他们，理解他们为金钱所作出的努力和奋斗。有一天，妈妈在收到我给她寄去的信封后，在电话里哭着问我为什么要给她寄钱。后来事实证明，我利用寒暑假的时间，赚够了经济资助中并不包含在内的那些学费。我知道父母还在为钱奔波，所以我觉得我有必要给他们寄回去一些。现在回想起来，那些钱真的是太微不足道了（我记得当时我在学校图书馆的报酬大约是每小时4.65美元），但是在我妈妈看来，那好像就是一百万。

随着时间的流逝，孩子们的钱会越攒越多，到了某个时候，你就会想将孩子们的钱从"床垫下"转到银行中。克里斯汀发现，劳罗对于开通自己的银行账户十分地兴奋，同时也觉得自己长大了。孩子们会认为这是很重要的一天，因为他们的储蓄终于有了一个"正式的家"了。

支出

金钱的另一方面是支出。正像你知道的那样，我们极力主张将钱睿智地花在值得的事情上。令人欣慰的是，当你朝着这个目标不断努力时，你的孩子也会受到熏陶。但是孩子的方法还是比较简单的：当他们打算买一件东西时，如果付钱的是自己，他们就会左思右想。

我的宝贝们将钱花在生活必需品和礼物（不必要的衣服、电子游戏）以外的事情上。这样一来，他们的零用钱足够定期存入40美元。当孩子们全权掌控自己的支出时，他们便更加了解预算以及事物的价值。

　　在抚育孩子的过程中，我从不会将钱花在洋娃娃上。当劳罗向我要洋娃娃时，我就会直接告诉她，我不想花105美元买一个洋娃娃。虽然圣诞节将近，但是如果孩子想要制定一个愿望清单，那么我就会让孩子们挑选一些小礼物（一般在5～10美元左右）。

　　圣诞节的时候，劳罗收到的红包金额相当于一个洋娃娃的价格。她存入了10美元，乔恩和我帮她交的税金（我们非常慷慨吧）。乔恩还带着劳罗去了那家商店，在我看来，我们的这种善解人意的做法应该奖励500美元。但是我给他们指了一条错误的路，而他们真正想去的那家商店需要45分钟的车程（去过一次后，乔恩可能再也不想在那里度过一个下午了）。买来洋娃娃之后，劳罗与它一直形影不离。我觉得部分原因是由于劳罗对这个洋娃娃一直心心念念了很久，而且买的过程也颇费周折，这是她在圣诞节唯一想要的礼物。

　　现在，有些人可能认为故事到此为止了，但是圣诞节的一个月后，劳罗收到了一份迟到的礼物——某网络商店50美元的礼品券。这次劳罗仔细阅读了网站说明，并决定还要再买一个洋娃娃（这样两个洋娃娃就能一起玩了）。我稍微抱怨了一下。好吧，我承认，我抱怨了很多。我们告诉劳罗，如果她还想再买一个洋娃娃，她要付全部费用、税金和邮费（因为乔恩和我都不想再去那家商店了，尽管这次我们知道这家商店在哪了）。劳罗看上去十分苦恼，因为想到要从自己的银行账户中取出70～80美元，她十分不情愿。我给她提出的建议是，把自己平时不常用但价格昂贵的玩具拿出来卖掉，因为我平时就总是这样做，所以我可以帮助她将待售条目写在网站上。

劳罗开始将自己不想要的玩具挑选出来，我们一起制作了清单，我负责发送邮件和预约，几天过后，她的钱就凑齐了，并支付了差额、税金以及邮费。她的第二个洋娃娃就是这样由我在网上购买的。劳罗为此十分骄傲，不仅买到了自己想要的东西，而且还能将卖旧玩具剩的钱存起来一部分。

合上电脑，我觉得家里关于洋娃娃的讨论应该宣告结束了。这时我感觉有人在拉我的袖子。劳罗问了我最后一个问题："妈妈，你帮我卖了那些旧玩具还帮我在网上买了我的第二个洋娃娃，你真的应该要点什么作为回报。你对一个冰淇淋加5美元这个报酬满意吗？"我情不自禁地笑了起来。

慈善捐助

最后一项就是慈善捐助，这是非常值得一提的。因为慈善捐助可以让你的孩子看到外面广阔的世界。如果你的孩子参与了慈善机构的活动，一开始他可能会感到压力重重，但是慢慢地，他就会得心应手了。但是，对于很多家庭来说，慈善捐助使一个家庭的支出或储蓄蓝图变得更加完美，让孩子意识到，他们的钱可以给整个世界带来一些改变。

自从在学校课堂上得知雨林遭到破坏后，劳罗开始参加了暑期热带雨林筹募资金活动，通过在柠檬水饮品站、木偶表演和珠宝销售等筹集善款。

或者你也可以通过家庭礼物等各种机会向他们渗透慈善捐助的益处。

　　网友（孩子们的妈妈）通过育儿博客说道：丈夫和我几乎每天都会收到来自慈善机构的募捐请求。我们专门为慈善机构的善款筹集做出了一项月度预算。每年我们都会选出11家慈善机构，并尽量让其种类丰富多样并体现出我们的价值观，如环境保护。然后，每个月我们都会捐赠相同的金额。每个月选择一家慈善机构，这样就可以保证我们的收支平衡，而且我们还有一个十分简单的原因回复其他慈善机构（"很抱歉，我们今年没有选择你，但是我们明年一定会考虑你的事业的"）。你可能注意到了，一年十二个月，但是我们只选择了十一家慈善机构，这是因为我们考虑到朋友、家人和同事们还可能会有其他事情，而最后一个无捐助的月份会让我们的生活变得更加轻松。

　　金钱绝对是一个激起焦虑和恐惧的话题。但是现在，你正一步步地选择自已真正想要的东西、收集数据并制定适合自己的一套体系。是的，理财趋势需要你投入大量的时间和精力，但是一旦你走过了这一关，你就会释放能量（也许更多的金钱），将重心放在生命中更重要的事情上。

减少家庭支出的六种方法

省钱可以比你预想的简单，甚至有趣。我们从"折扣族"梅丽莎·马赛罗（电子杂志《鞋带》的创办者）那里询问到了一些创意性的省钱方法：

原创新生活

与其逛遍不同商店，浪费燃油费用和宝贵的时间比较选择最合理的价钱，不如自己亲自动手（不管家人觉得如何）。原创手工物品，如橡皮泥、格兰诺拉燕麦卷等，可以让孩子和父母一起玩耍、一起学习新技能、一起度过开心时光，满足家人的需求，让孩子产生一种成就感和美好的回忆，并将这种成就感和回忆带入到以后的生活中。原创手工不仅省钱，而且还可以帮助你更好地控制家人们的生活用品健康程度，将有毒有害物质拒之门外。照片分享网站是你的灵感源泉，可以带你发现更多的原创手工创意。

大理石罐省钱法则

我儿时最好的朋友有三个漂亮的宝宝（分别是三岁、五岁和八岁），朋友和丈夫将食用新鲜、有机的水果和蔬菜作为家庭支出和预算的优先事宜。每当孩子说要出去吃时，她都会问孩子想点哪些食物。例如，如果孩子想吃鸡肉、花椰菜和意大利通心面，朋友和她的丈夫就会说，这些食材冰箱里全都有，然后问孩子是想用这笔钱出去吃饭还是将钱省下来做一些有趣的事，例如出去吃冰淇淋或看电影。每当孩子做出储蓄的决定时，她就会将一块大理石放进厨房窗台的玻璃罐里。当罐子满了的时候，他们一家人聚在一起出去玩，有时可能并不用花太多钱，如出去野餐加上餐后去买冰淇淋。

将资金变为存款

对成年人来说，我们可以说自己是通过缩减开支"省"钱，但是如果资金已经存入账户中时，可能1.稍后会花在某件事情上，2.没有获得宝贵的利息。无论你采用的是原创手工设计方法还是大理石罐省钱法则，使用网络存储工具可以帮助你快捷有效地估算出你省出的金额和实际存入储蓄账户中的金额。两个月的试验后，我轻松省出259.90美元外加45分利息。这个办法真的十分有效。

膳食计划和食品优先选择

2008年9月，克里斯托弗和凯利，来自圣地亚哥的两位公立学校教师，决定做这样一个试验：按照全球平均水平，每天能否只花一美元购买食物？（后来，他们又尝试了每天只花4.13美元，每个月只花462美元，相当于美国一个四口之家的食物券份额。）他们的实验结果从博客到总结成书，书名为《一天一美元》。

对于家庭理财人士来讲，这是一本必读书。因为它不仅提出做预算的方法，而且还提出多种食物来源和粮食问题供大家学习参考。第一个要说的就是外卖。其实只需简单地考虑食材问题、大量购买，提前计划好每周的一日三餐，每个家庭一个月只在食物支出上就能省下数百美元。

做预算乐趣十足

通过激励自己、伴侣或家人，把做预算成为每周一项乐趣十足的活动，就像一个可以自主选择口味的圣代冰淇淋店（或者为成年人准备的一杯餐后美酒）和在家中便可欣赏到的新上映的影片。

周末晚上是做每周预算的最好时间，因为每个人都在为新的一周做准备，也更能清楚地记得未来一周内的支出，如野外旅行、会费或团费、课程、生日等等。网站上已经收集成百上千的工具、小贴士和资源，帮助你迈出第一步，并用笑脸面对自己的理财生活。

7 与孩子一起嬉戏：
简单有趣

　　"玩耍是孩子的工作。"很多人都持这种观点，包括我们所提到的教育工作者玛丽亚·蒙台梭利，事实上，我们也十分赞同（我们要补充说明的是，玩对于成年人来说同样重要）。每个人都需要利用松散的时间解放自己、尽情地放松、在没有压力的状态下进行思考、释放能量、拓展视野，不能让生活仅局限于电脑的屏幕或被工作计划束缚，无论是现在还是以后，我们必须有不受既定日程束缚的自由。

　　我们也认识到，如果给孩子大段的空闲时间的确令人生畏（尤其是非常小的孩子）。因为，孩子一旦离开自己的玩具，就会在墙上涂鸦、在园子里玩土，或采坚果玩。

　　在这一章，我们就针对孩子嬉戏提出一些简约主义的主张，无论是自己玩还是与朋友玩都适用。

你无须整天都陪着孩子玩耍

你应该是孩子主要的玩伴（尤其是孩子很小的时候），但你不必整天每时每刻都围着他转。像家庭聚会、做游戏或是亲子应该是父母养育方面给孩子最重要的礼物，同时，你也有享受成人世界的权利。你应尽早给孩子体验自己玩的机会，让他体验独处的美妙之处，这样，你和孩子都能感觉更快乐些。

一些孩子生来可塑性就强，他们绕着房子快乐地、蹒跚地学步（乱乱哄哄地），让自己处于忙碌的状态。还有一些孩子，学的过程会更长一些。当你在厨房时，应试着让他对周围的玩具保持兴趣，在你做饭时鼓励他们先自己玩上五分钟再说。每次都告诉"她"，现在，是"她"玩的时间，是"你"做饭的时间，强化这种区别。

随着孩子一天天长大，适中保持这种区别，让他们明白什么时候是一起玩的时间，什么时候是在家里处理大人之间事情的时间。当你划分好情形，设定好边界，你的孩子最终会接受这种暗示，明白何时是自己玩耍的时间。

劳罗小的时候，我想只要她不睡觉，我需要始终和她待在一起，但对我和她来说，都不是最好的（从构建独立性角度看）。

休产假结束时，我敢说，那种筋疲力尽的感觉胜过了之后上班日子里的感觉，可能我是为了补偿我的童年吧，我小的时候父母看护我的时间就很少，更不用说一起玩耍了（如：我不记得父母为我读故事书）。这并非是责难自己的父母，毕竟，现实情况是我只是7个孩子中的1个（排行老六）。

到了婉琳特，情况就不同了。我变得更闲散，她的日常生活变得更丰富，而且，现实情况是，我已经有了2个孩子啦。一方面，我能有大量的时间读书，唱着"哔哔巴士"，一方面为婉琳特喝彩，她发现了环形堆垛、爆米花机、唱歌的茶壶的神奇，而且也学会了自己玩耍。

我家厨房有一个深底碗橱，里面放着孩子喜欢的盘子、杯子和餐具，当我洗碗、做饭、整理信笺、翻看菜谱时，婉琳特喜欢待在这里玩耍。有时，当我正在厨房翻看菜谱时，婉琳特则在我脚下"制造"脏乱，把碗橱里的物品倒了一地。场面有些安静，随后开始放声大笑。她后来慢慢懂得把小器具放在大器具里。我笑了，把视线再次转向杂志，说"好，我们两人都玩得开心"。

较少的玩具才有较大的玩耍空间

"较少的玩具"这种提法可不是指简单地清理一般的家庭杂物。因为玩具少，孩子的注意力不会被分散，也不会陷入到"我该玩什么"这样的旋涡里，孩子创造性地玩耍的时候通常会发现新的激励。

我的住所是一种分户公寓，三层有一个令人心仪的阁楼。一半作为乔恩的男性私人空间，一半作为客厅或娱乐区。一搬到这里我就喜欢这个位置，因为我可以把不希望在楼下看到的所有玩具放在这里。

但是，我现在才发现，我们的娱乐区的确太浪费空间，令人悲催。它是如此凌乱、混杂，每次一上楼，我就在想如何整理一下，每次都似受了打击，只想下楼、不愿面对。劳罗和她的朋友会上楼来，抱怨没有玩的东西（因为这种凌乱已经令你丧失了玩玩具的心情），也和我一样，不愿待在楼上。

最后，我受够了，拿两个垃圾袋（一个装垃圾和一个用于捐赠）和一个纸袋（装可再利用的物品）进行分装，毫不吝惜。虽然令人厌恶，但我强忍着对娱乐区进行整理和布置，不出1个小时，它变得轻快、明亮、令人心仪。

乔恩和劳罗再来到这里，都非常地兴奋。婉琳特也很兴奋，她也有了铺上地毯跑来跑去的空间。在玩具的整理中，把所有可能引发孩子出现卡阻的小玩具置于大构架的臂架中，让孩子无法触及到。婉琳特喜欢的则放在不同的箱子里（木质、塑料、软包装的），搁在地上。我花空心思打造一个台桌，以便在紧急情况下能够介入，这样，娱乐区成为一家人都喜欢的玩耍区域。

🌱 把玩耍当工作

我们并不建议你采用"哄骗"的方式让孩子围绕着家务转，并以此作为玩耍的方式。虽然二者之间并不需要有明显的区分，尤其是在学步阶段和幼儿园阶段，但是，你要知道，在这个阶段，他们的家庭作业就是玩。使用小棉擦和冲洗瓶擦桌子、擦地板、用搅拌杆拍打蛋糕糊、在百吉饼上涂奶油干酪……事实上，许多孩子都喜欢做真正属于成人该做的工作，尤其是本能的玩心被激发出来的时候（有关家务方面的内容详见第三章）。

我小时候，总觉得花园里的活很繁重，那时，我们不停地除草、修枝、割草……当然，也算是乐趣所在。这样干活当然成不了花匠，重要的是，在花园里干活简单还是复杂取决于你当时的心情和需要。我一边干着活（种花、护根、除草），一边东张西望，不时地问劳罗是否愿意加入我们，她总是说愿意。玩土是一种本能，但是我认为，她之所以说愿意，很重要的因素是能够和我们一起在户外玩。

稍大一些的孩子也喜欢"玩土"，尤其是会使用昂贵且用起来很过瘾的工具时。山姆洋洋得意地推着除草机在前面的草坪穿梭，这样的活，哪用得上招呼他二遍。

🌱 电子产品怎么样

电子产品有利也有弊。它们是很奇妙的工具，让你的孩子建立数字概念和颜色概念，听到背景音乐，让心情沉重的人感到振奋。可携式游戏和DVD可以帮你在旅途中打发时间。有时，你感到有些烦、或正在发邮件时，或是与父母联络时，为避免打扰，这些电子产品可以帮你"俘获"孩子的注意力。

劳罗对舞蹈班情有独钟，骨子里是独舞对她的诱惑。我则不同（我喜欢表演，尤其喜欢小提琴独奏），劳罗不喜欢站在满是陌生人的舞台前（旁白：应该是很恐怖吧）。

有一天，到朋友家玩，我去接她，劳罗和她的朋友正在歇斯底里地狂笑，并气喘吁吁地，问她怎么啦，她俩把我带到客厅，登录火爆战车的游戏平台，模拟着这个平台的编舞唱着"阿帕奇"。绝对震撼。她们的动作与这个编舞出奇地一致，而且，我喜欢看劳罗跳舞，真是一个美妙的时光。

从那次起，劳罗多次要求买这个游戏平台。对我来说，买不是问题，但它不是我优先考虑的事，我告诉劳罗，这个平台还算不上是家庭采购的头等大事，在过生日或假期来临时可以买给她（并且，还需要到那个时候看她是否仍非常渴望），在此之前，可以和她的朋友在家一起玩，她对此并不介意。

凡事都是一分为二的，电子产品的旋涡是：家庭团聚的时间和机会因为孩子沉溺其中而丧失掉。另外游戏系统（如iPad或电视）占据的时间也会引发家庭中的争议。写家庭作业前、完成后玩多长时间是合适的？毕竟，孩子一天天在长大，视频游戏中涉及成人内容、浏览的网站和安全性方面都存在问题。

电子产品成为一种工具，找到平衡点才是问题的核心，不能让它成为干扰点或是连续冲突的问题。对你的家庭而言，引入电子产品，如何控制它，因家庭情况不同而不同。文化背景、教育观念、使用权、父母自身的兴趣和履历、性情都在里面发挥着重大作用。如果一个家庭里，有一个9岁的孩子属于游戏机控，而另一个孩子对视频游戏不感兴趣。那么，你的家庭就像电子光谱上的条纹，我们建议你与孩子们充分地沟通，让他们明白：玩电子产品是一种特权，并非是日常生活所需，围绕着电子产品的使用约法三章（如：在享受这种特权之前，什么时候需要做家务，做多长时间），并且，在必要的时候，与玩耍的选项"捆绑在一起"。

艾琳在育儿博客上说：我是一个家庭主妇，我的丈夫每天工作到很晚。孩子们不喜欢长时间地睡觉，一直都是。对我们来说，明智的安排就是周五的晚上。我的丈夫确保在那一天晚上6：30到家，我则确保孩子们在此之前吃完饭。平时，我们对媒体严格管理，只有在周五，要求孩子们待在卧室里玩平板电脑、游戏机或其他电子产品。我丈夫和我一起享用成人大餐（如：外卖），然后一起看DVD。我们把这个晚上称为"约会之夜"。虽然我们雇不起保姆，但是，现在的方式对我们的生活已经有了切实的帮助。我们的孩子一个六岁，一个八岁，小的那个孩子才三岁时我们就有了这个"传统"。否则，我们真的将"忙到"晚上10点。

总之，当你对电子产品建立立场的时候，应该注意到，"一刀切"可不好，有节制才是更好的解决方案。与我们的方式异曲同工的地方，可以参看一下第十二章，对电子产品抱以开放的心态，不要贬低它们，约法三章，有理、有据、有节，这样才能减少可能的冲突。

融入社会

娱乐时间属于孩子们。至少，他们习惯于如此。我们甚至想写一本小说，叙说一下当今孩子生活中，在越发忙碌的状态下如何去玩的宝典。

但是，这不在你的简约生活之内，当你按自己的纲编写出"不搭调"的活动，这个时候你会注意到，周末那三个小时美妙的时光会被具体化。而这个时光应该是具有抽象性的、有新鲜感的、与朋友共享的。

一起玩耍的艺术

一起玩耍对孩子、对父母来说都是好事。让孩子有机会学会灵活处事、拿捏好妥协的尺寸（因为大家总会因某事产生争执）。一起玩会加深友谊，而在学校这种混沌的场合则很难实现，尤其对内向的孩子而言。孩子们尽情地玩，玩什么甚至父母都看不懂，让父母们失去耐性、边看边唠叨。最终，孩子们一起玩也给父母提供了这样的机会：你也可以参与他们的玩耍，但这并不意味着你是玩耍的中心。记住目的是让孩子们玩，这种活动你切不可把自己当做孩子王。

孩子们一起玩，而你是初次尽地主之谊或初次参与，作为隐形的主人（或客人），这里提几个准则供你参考。

设定基本准则

无论你与孩子是主人还是客人，必须清楚处世方式。鼓励你的孩子在做什么的时候要灵活些，玩玩具、做活动一定要共享，这样才能玩得更开心。采用示范性的方式让孩子知道如何礼貌、友好地表达一种偏好，如果玩伴不同意，如何去妥协。如果你是主人，一旦朋友们来了，首先要宣布一下规则，这样，每个人在同一时间都听到了同样的要求。如果你是客人，你应该告知主人，你已经就这些规则向自己的孩子做了解释。有时，你的孩子和别人一起玩，别人做什么，他会去学；有时他会想怎么玩就怎么玩，而结果总是圆满的。好的方式应该是有规则、会妥协、有灵活性的，这无疑是值得肯定的育儿方向。

做一个旁观者

孩子在尽情地玩，他的内心世界与他的外在表现差不多。表面上，你看到孩子在玩百乐壶，而实际上，他正想方设法通过保卫战来战胜邪恶异种，如果你介入，他可能会感到索然无味。

适时地提供小吃

在玩得不和谐时，适时地拿出一份健康的小吃和一杯水作为猛料。无需多想，高兴就好。在孩子太小的时候，阿萨一旦发现有些不对劲，通常她会拿出小吃打破僵局。有时，也会用分散注意力的方式让每个人回归到同步。

给他们自己解决的机会

如果出现意见不统一，应该抱着挽回局面的心态，强忍着冲动。孩子们需要学会协商的技能，知道如何与别人和睦相处。放弃不假思索就回答的习惯是需要学习的，切不能成为盲点。

见好就收

熟语"离时希冀更多"适用于一起玩这种场合。无论怎么玩总有结束的时候，因此，快乐的结束更重要。玩得时间短暂更应注意结束的时机。

乔恩和我发现，一起玩时，一旦结束孩子就会变得极其抱怨，总是希望多玩一会。有时，我告诉劳罗（和在场的朋友），当一起玩以坏心情结束时，应该保持平淡，应该明白，这次分开是为了下次再聚（注：我们可没威胁他们，不会说这次不听话下次不让一起玩之类的话）。这样做，并不是说绝对能避免出现不愿意或抱怨，但是，约法三章还是起很大作用的。如果我们总是让她感到不快，就多给她温馨的建议，努力消除这种不快。

与父母的沟通

孩子们一起玩有利于深化你与周围的关系。当你受邀带着孩子来玩，或邀请别人带孩子来玩，不一会儿，做父母的就会攀谈起来。互相询问孩子们玩得怎么样，孩子们彼此建立的友好关系也将成为大人们良好互惠关系的基础。

❧ 邻里间自愿结合地玩

实际上，大多数家长不会想着让孩子自己出去玩。当我们成为家长时，育儿观自然不同于当年，父母更担心的是安全。一方面是管理上的需要，加之工作繁忙，城市的邻里关系，另一方面是媒体中报出的令人恐慌的新闻。的确，让你的孩子在无看护的户外环境跑来跑去是令人担心的。但是，如果你把心思放在让孩子认清危险所在上（即知道如何提高警惕，紧急情况下怎么做），并有效地构建邻里关系，那么你的孩子会自由自在地在街上走，找朋友玩。你的孩子总会有独自行走世界的时候，自主地玩就是这种情形的开始。这里有几条妙计可以激发孩子在邻里间自愿结合地玩，并给予信赖。

在户外装备上的投入

在后院玩时用的东西不是这里谈的要点。来回抽拉的洒水器，便宜的羽毛球和球拍，充气球或是一些粉笔，孩子们一起玩时有这些就足够了。阿萨所在的居住区，用一个飞碟穿山洞，在人行道中的一棵树引出个秋千，仅此就让一群在场的孩子感到欢娱。

教你的孩子玩集体游戏

"捉迷藏"，"夺旗"，"踢罐子"……这些游戏始终受到欢迎。如果你自己不知道怎么玩这些游戏，你应该知道谁会（实在没法，在社区里请一个大点的孩子"传授"一下），或是上网查查该怎么玩。

让孩子了解户外安全常识，然后给孩子们委以信任

学会防晒，学会过马路，了解在街头巷尾的"闲逛"的界限，这都是必要的。一定要给孩子表现的机会，能够证明他们完全没问题。给他们漫步和探求的空间。让孩子绕着空地骑自行车，下一步就可以绕着街头巷尾骑了。须知，他们得到的知识和自信将是巨大的。

养成在户外玩的习惯

如果因为你的孩子太小，独自在户外玩令你担心，那么，你可以利用拔草的时间强化他独自玩耍的习惯，或是对邻居的花园啧啧赞叹，信誓旦旦的要赶超他。把一个庭院椅放在前院，孩子玩的时候你可以读读报纸，对孩子进行积极的鼓励，让他们体会到自己玩的乐趣。

强化邻里关系

如果你的孩子与邻居相处很难升华到朋友层面，这时就需要你来助一臂之力啦，邀请他们全家来吃百乐餐或户外烧烤不失为一个好主意。当你的孩子看到大人们在聊天并希望认识一下时，孩子的表现是走过来说一说他的想法，这个时候，你可以就近找一个家长一起来帮他一下。

"对外开放"政策

鼓励孩子带朋友来家里玩，无需事先做好规划，如果孩子们希望玩到晚饭时间，储物柜里事先备好小吃，冰柜里备一些披萨，这样，让你的孩子在构建邻里关系上变得很容易。

玩的不愉快怎么办

孩子们轻松地在一起玩或举行邻里间的儿童足球游戏，每个人都玩的热火朝天。可一旦玩具坏了或是规矩被打破了，孩子们会很痛心，家长们无计可施，手足无措，不知道下一步该怎么办。

同学术技能一样，社会技能同样需要学习，不同的孩子应该因材施教。明白了这一点，就着手学习吧，你应该明白，当鞭炮快爆炸时，你不会有太多响应的时间，学习这些技能对孩子们的焦虑和失望进行冷处理大有帮助。

最重要一点，大家知道，孩子的行为并不能反应家长的立场。好的父母带出来的好孩子有时会失去它（应该诚实吧，好的父母也丧失了这个立场）。我们应该学会如何在社会上处事。下面就发生冲突时如何处理提几条建议。

把损伤控制从问题中剥离开，解决问题并拿出办法

孩子被惹火了，就让他们反思一下状况（单独道歉），而不是偏袒他。先不去评判，而是让他们深呼吸，轻声地劝他们待在各自的角落里。有时，可以第二天进行道歉（在任何情况下，只有孩子认识到道歉是必须的，这样做才有意义）。

不要犹豫，结束这种玩耍

给孩子解决问题的机会。有时，孩子们安静下来之后，他们会迅速恢复活力，继续玩起来，好像什么事都没发生过。如果不是这样，应该告诉他"对不起，孩子，玩的时间已经结束了，改日再玩吧。"

保持开放式沟通

诚实，心胸宽广。把发生的事情告诉其他孩子的父母（你也许不知道一些细节），并且要昂首挺胸。如果你的孩子错了，应该主动承认并和大家交流，但是不要在交谈中让人有羞耻感。你的孩子（和他们的孩子）都有一颗善良的心，并且都在学习做人的过程中。

倾听孩子的述说

当孩子火气消了，和孩子一起探讨出解决问题的办法。你这时的定位应该是个倾听者而非解决者。即使你的孩子很明显就是过错方，你首先应该听他讲，了解是什么原因导致这种"事件"发生的。这里的技巧在于，我们应该关注问题（某人打了一拳或者骂人），而不是参与这个"事件"（某人被惹怒了或是发火了）。试着把行为与问题剥离开，一旦你对问题有所辨别，你就能集思广益而不是在行为上做出选择。

一定要确保做道歉并拿出解决方法，之后，为下次在一起玩做一个小小的预演。你和你的孩子应该认识到问题所在，并进行场景再现，为这个场景做好预案，重在解决。

事实上，玩的时间是孩子人生开始的预演，把你的主观安排最小化，持开放的心态，给孩子玩耍和建立友谊的空间，你现在做的是给予你的孩子世界上最重要的礼物：童年时代。

8 校内和校外的教育

在怀孕或新生儿阶段，如果父母一味地追求完美，那么，孩子在校阶段，父母会把这种追求推向一个令人眩晕的高度。在学步阶段，就开始为上学规划，随着孩子进入到全新的阶段，就会引发担心，并渴望"恢复正常"。选择最合理的教育理念，与最好的学校接轨，甚至与未来的大学教育相看齐，而这一切，在幼儿园就开始计划啦，同时，总是担心别人的孩子是否会"谦让"。长此以往，患得患失，增加了许多皱纹，孩子成了你童年的行李，思想无异于住进了充满焦虑的精神病院。

孩子从幼儿园一直到高中教育阶段，始终都在冲刺。如果接受了最好的教育却没能成材，难道这样的话，孩子真的在成年时有失败的危险吗？这种恐惧和担心真的很必要吗？（章节综述：不是）

在本章，我们就你对孩子的教育提出简约主义的态度。我们这里不谈"简约"教育，我们把重点落在他们最想看到的地方，这可不是在指责父母的参与。我们拓宽教育的限定，超越了同期在校的时间和学制，从时序上超越大学教育的年份。在简约主义看来，学校阶段允许存在兴趣和性情方面的个性差异，你和你的孩子都适用。重要之处在于，把教育选项推翻重构，这些年你会感到兴奋而不是沮丧，因为一切都留有余地。"恢复正常"的方法有多种，因为你的目标不是培养一个好学生而是培养一个成功的成年人。

树立不断学习的信念

克里斯汀育儿经的第一要务就是让房间变得非凡一些，我们所说的房间是指让教育的定义更宽泛些。这不同于你在名校谋得一席之地，学习不会受稀缺资源的左右。平静的心态、广泛地学习，功到自然成。只要你的孩子一直在积极学习，你就不必为寻找"正确"或"完美"的学校或方法而焦虑了。

此外，"完美"是可遇而不可求的，好的学习习惯能够建立起来更令人欣慰。在不成熟的阶段，面临学习和品德方面的挑战，而这种挑战往往成为学习的沃土。（与时俱进切不可片面地理解为是孩子与学校培养恶性互动的导火索；本章节我们主要谈后者）。

人生就是一个课堂

孩子降生伊始就开始感知性地学习。每一次新的体验、每一次在光下的亮相、每一次尝试，最夸张的反应就是不同的面部表情；到了学步阶段，触摸拉风炉、暑期在海滨挖沙，了解每个事物包括天性（尤其是），这似乎看来不是学就能学会的。

孩子开始在校学习啦，日子一天天地过去，当你把这些品行方面的碎片集在罐子里，统称为"你的幼儿教育"时，你会突然意识到，这个罐子好大，它承载的东西太多。

花点时间回忆一下令你印象深刻的学习体会，成人还是孩子都需要这样追忆一下。想起来的场景很多都是在校外发生的，比如，他们克服了某种困难，解除了某种困惑。而你仍不断地学习新鲜事物，对吧?

米拉柏至今印象深刻的是，她请假在家附近的游泳班学习游泳（那时她七岁）。到了现在，她仍能回忆起当时的感受和当时从中得到的自信心（感受到信赖的力量）。

莱斯利在微博上发布的简约主义育儿经博客上说：我上高中时，我们的解剖生理学老师唐娜·梅·胡伯曼组织了一个名字叫做"六分之四"的突击测试，她让6名学生到前面来，从那一周课中选出一些问题来考他们。如果6名同学中有4个回答正确，那么，全班就都合格了。我看过《A&P》这部小说，但我更大的收获是：每个人都应该对这个集体的成功责任。班级、学校、社会，作为其中的一员，每个人都应为集体作出贡献。

网友在育儿博客中说："你可以从你遇到的每个人身上学到什么。你要做的是，从这些教师、朋友、故人、熟人身上学到对你有用的知识"。另一个学习记忆是，我曾希望自己生在一个"唯有读书圣"的家庭里，现在我已经成年，还是唯学习论，可事实上，"人们不会记得你曾说过什么，做过什么，人们能记住的是你给他们的感觉是什么"。

当你回首自己的学习轨迹时，应注意到持续的时间和演变的节点（而且，一切尚未结束）。保持这种心态有助于你回应当年的一些担心，当年你是否固执地认为，只有上名校才大有希望，那种在草垛里寻针的偏激。同样，你的孩子不是你，以后的轨迹也和你不一样。因此每个孩子要学习基本的学术技能，为上大学、未来的事业做出考虑，当然，这是事实。

我们的观点是，你的关注点不能放在教育体系上，取而代之的是，应放在你家庭的独特价值观上，并有价值侧重才好，让你的孩子对这个充满竞争和选择的世界有所准备才对。

如果你的孩子很老实，专注并且乐观，不管情况如何，考试分数如何，教育专家怎么说，他在学习就好。学习技能的时间很长，但用于开发信赖感、解决问题的能力和可塑性的童年只有几年，过了这个阶段再关注学习哪些技能是不是更容易些（须知，这个世界是快速变化的。）。

想一想吧，比如说：几年前，打字是学校里的必修课。打字员因具有专业技能在找工作时很受欢迎。现在，打字不是什么重要课程，学步阶段的孩子都在用父母的iPod点来点去。技能应该是孩子们在实践中所得到的本领和创造力。他们可以通过实践针对各种环境锻炼出自己的"肌肉"。

好奇心的培养

不要与你所扩展的教育事业相悖。克里斯汀育儿经不需要选向的箭头，你不能把它们引向"一切事物"。的确是这样，我们关注的是下一步的机制。到现在，我们感谢的是构成学习的每个要素方面的知识，而不是"教育"的本质。

和别人的家长一样，我也喜欢"芝麻街"，它之所以成为持久品牌的教育工具是因为孩子喜欢它。"兔宝宝"也是教育类的，对不同的孩子有不同的方式（前提是它符合你的价值观），并且能和你的孩子一起"享用"。

虽然我是一个成年人，但我仍是"超级朋友"的铁杆粉丝，你知道"超人"、"神奇女郎"、"私会党"吗？我的"超级朋友"是水行侠，就是那个"可以与鱼沟通的家伙"，因为"水行侠"让我对"海居室"着迷。当"水行侠"过气啦，就变成了"雅克 库斯托"，之后是以海为主题的书籍和艺术著作。每次在海滩上玩了一半，在潮池里拖着家里人，一边抱怨着，因为错过了周六早晨的卡通片。

在好奇心的培养上，激励孩子亲力亲为，对象不是固定的，只要令你兴奋，感兴趣就行。为自己想要学到的东西和想要获得创造力的意愿建个模，一点点地找到答案。

- 探求你心中从未涉足的领域
- 做一些新奇的食物作为晚餐（但别总让他们挨饿）
- 和孩子们一起看报纸上的漫画——美满家庭中的沟通从此开始
- 到图书馆逛逛；感兴趣就借几本书，制定一个家庭读书计划，哪怕花十五分钟大致翻看一下画报书也是有益的
- 听不同风格的音乐
- 散步、骑自行车、徒步旅行，随时随地进行
- 按自己的意愿决定花园里哪些草该除掉，哪些应任其生长
- 与孩子们一起做顿饭
- 一起逛杂食店

·给孩子"指定"家庭责任，对他们的进步给予表扬（即使
结果并不如意，没关系）。然后期待明天会更好
·在此处追加一些你感兴趣的内容

目的是让你的孩子改变一下，通过有效地"工作"找到答案，无
论涉及单词、数字、有形的世界还是一个想法，都能乐在其中。不同
年龄阶段的学习基础就是心理承受能力。

上面说的业余活动，可以通过这样的方式来获得：各种学习班、
露营、工作室、社团和小组。如果你的预算和交通没有问题，这些机
构无疑会为你的孩子感受新事物提供机会，只要合乎情理就好。进行
课外活动时，要的就是"加油、加油、加油"这样的氛围。为此，我
们在第十章主要讲的就是家庭生活的课外活动准则。

对责任心和独立性给予鼓励

另一种教育困惑是孩子对自己胜任性方面的理解。事实上，他的
确能做得很好，非常有用，能够改变世界（即使此时他眼中的世界仅
是他的凌乱的空间）。孩子小一些的时候就让他干一些家务，你示范
性地告知他该做什么家务，把他们视为大系统（即家庭）的一个组成
部分，需要他们的参与。

做家务是解决问题的一堂速成课（如果先把书归拢好，就没有时
间做清洁了）；迟来的喜悦（如果完成了家务，就可以看电视）；技

能构建（我知道怎么为自己做午饭）；所有这些方面是日后在学校和社会生活中获得成功的基础。想象一下，如此培养几年，你可以想象出孩子慢慢会用洗衣机、做晚饭、理财、修草坪。家里家外不会是个坏帮手，这样过渡到成年轨迹应该更平稳吧。

在第三章中，我们专门提到家务，它们太重要了，在这里当然有必要再次提及。因为家务会直接转变成家庭作业。孩子小的时候，你很难看到这一点，可是，过不了多久他们就会有家庭作业要做，之后是面对独立的工作，他们会把家庭作业视为是自己的责任，而不是你的责任。我们的看法是，等入学后出现这种转化会让他们更难以适应。

你的专业家庭教育指南

很多人的育儿经验出自自己童年的回忆，这的确是第一手的，还有学校大人物的教导。我们对待上学阶段的孩子，是拎个"手提箱"，里面满是希望、恐惧、愿望和各种假设。现在，你睁大眼睛关注教育，审视一下你无言的假设，是时候了，看看它们是否符合简约版本的家庭生活，它们对你的孩子而言是否有意义。

把你对学校的各种假设清零

花点时间回忆一下你在学校时的感受，还有当时与之相关的各种希冀（准备个笔记本和铅笔吧），回答一下这些问题：

·你喜欢学校吗？你最留恋的是那个阶段吗？为什么？越详细越好，你的回答会让你自己体会到你对学校有关的一些偏见

·你是否被老师表扬过，被老师分过三六九等，或是有其他形式的评价，无论是激励口气的还是威吓式的

·在学校的朋友：有吗？关系较好的有1个还是2个？很多朋友？快乐或抱怨的根源在哪里？被人注视的压力感受如何

·你父母对你在校期间的反应和干预：你父母对你的学习和在校表现持什么态度？你快乐吗？他们干预吗？如果不是，你仍然感到有什么支持吗？（重要之处在于：对于孩子的教育，父母不一定要积极地干预，体现这种存在和支持就好）

·你被称为"好学生"或"差生"（这种称谓未必准确，但对孩子的自尊心有较大影响）

·你喜欢被好奇心驱使或是追寻正确答案

·在你的生活圈里，学校是一个重要组成吗？邻里呢？还是其他

·回忆一下，你的在校时光是"光辉岁月"还是"度日如年，期待新生活的开始"

在你思考答案的时候，想想你自己的内心感受（你在第一章中见到的那位）。她跟你说了什么？你是满怀期望地、兴奋地等待孩子变成学校学生，还是让他变得忧心忡忡、疑神疑鬼、神经兮兮呢？

你的回答还有你凭经验做的假设都是极其重要的工具，因为它帮助你勾勒出在儿童教育方面你具有的优势。在严谨治学上你可能发现了惊人的正能量，或者，你可能发现学校教育的本质就是事实上的社会，对学习的记忆因此而淡化。你的培养方式和环境对你的假设而言是不能复制的，这只能表明你已经开始做教育选择啦。

找出你家庭在教育方面的优势

现在，你该关注你在教育方面的义务，把关注点移向你对孩子教育的期望上。对你而言，受教育对象是什么？如果你的孩子从学校出来时只学了一、两样本领，你希望是什么本领？

你的优势是创造性地解决问题？是全球视野和外语？工作观念强？爱好艺术和音乐？在邻里中的人缘好？你的爱人呢？他（或她）价值观和你不同？

因为有了这些价值观，因为你对孩子的理解，同时你了解自己对教育的愿景。你相信孩子能承受，大多数情况下他会认同你选定的环境（但也不绝对，如果总是改来改去恐怕就行不通啦，关于这方面在本章节后面内容中会进行讨论）。教育的哲学须以爱好和潮流作为先决条件，因此当你择校时对你的优势不构成影响，把孩子培养成有思想，有好奇心，博学的人，道路有很多条，不必担心。

在我爸爸看来，"教育"就是要认真，重视家庭作业，关注读，写，数学和历史方面的基础；学习成绩是第一位；最后上大学，拿学位。他在印度长大，因此对其他形式的教育或创造性事物不感兴趣。我妈妈在20世纪50年代生活在加州的洛杉矶，她对学校的记忆和爸爸区别很大。那些年，她最大的体会是：同龄人对有色人种的压力。因此她关注的是特定时期在校的表现及社会环境。

那时，要参加社会实践需先征得爸爸的同意，有一次他居然说："书是你唯一的真正的朋友。"噢，太讽刺啦。我多么渴望像同龄人一样（我能感受到人种和社会经济方面的差异），此后，我不再关心学术，对"真正的朋友——书"不再感兴趣（因此，在高中时我成了B−/C+水平的学生）。也正因为这个，我的生活有了180度的大转弯，变得丰富多彩。现在，我对孩子的教育也这么看。当然希望他们在学校有好的表现（因为我还记得自己当时在班级时因为"不懂"而感到困惑和不快的心境），但是，更重要的是，我希望孩子们能找真正到令他们兴奋的事，无论是科学、艺术，还是其他，是什么并不重要，找到才重要。（在写这本书时，劳罗希望长大后成为一名蛋糕艺术家。）

现实因素：金钱和时间

通常我们仅凭教育环境做出择校决定，它必须与我们生活水平相匹配。离学校远、高昂的学费、远离朋友，这些给一个家庭带来的负担足以抵消掉学校的红利。

如果你正在为孩子择校，就必须顾及以下因素：孩子的独立性，执行力，邻里关系，走着去上学还是骑自行车去。就读当地公立学校，当孩子大一些，能够承担社会责任时，离家近又有很好的朋友圈对他们将来的发展更有价值。如果当地学校安全且教育质量尚好，老师、课程、机遇、利弊共存，可以就读，因为学校的确都差不多。

择校

知道了自家的优势、价值观和实际生活水平，潜在的择校范围被缩小，如果你再简化一下，上单性别的学校，恭喜，你可以越过这个章节，来杯咖啡，犒劳一下自己！如果不是64,000美元的问题仍然存在：选哪个学校呢？

好消息：怎么回答似乎都没有错。每个学校（包括每年学费64,000美元的学校）都有自己的优势和劣势，都有摇滚歌星般的老师和它的"哑弹"。为了你的家庭为了你所关注的，现在，你必须下决心做出选择。其实很简单，因为你按这个程序走下去，无非是为一些新想法倒出空间。

不要感觉是被迫地研究每个可用的选项

上搜索引擎查询，和朋友聊聊，再到学校转转。归根到底，凭你的胆识，最后的一定是最好的（你的内心直觉发出的暗示）。把孩子送到感觉最好的学校，这种判断依据远胜过按成绩或当地影响力做出的选择。想一下：你信任这所学校，老师会关照好你的孩子。这种关系必须从信任出发，决不能还没走出大门就让人感到紧张吧。

当我知道别的妈妈花了数月的时间考察各种幼儿园，面试老师，把孩子列入等待者清单中，我感觉自己是个失败者。我仅看了二三个学校就凭直觉选中了一所，这所幼儿园很小，是家庭式的，当时以为自己很幸运，但是，现在回过头，我想明白啦，这事还没完，他或许能在另外一所学校过得更开心，能受到更好的照顾。

我对劳罗选择幼儿园的标准在她没到这个年龄时就确定了，应该是早几年的事，因为我要回单位工作，需要一个能提供幼儿护理的幼儿园，这样的幼儿园当然不好找，而且我希望不应期越短越好（比较理想的是从护理中心到幼儿园可以直升）。对我的这种预期有赞成的，有反对的，但是，我认为："这些选项太细，现在的这所幼儿园，看起来很干净，安全，并且室内，室外都有玩的东西。"我最终选择的班是从幼儿园到学前的直升班。

在劳罗上幼儿园之前，有一些孩子转学了，因为家长希望有"更严格的环境"（日常护理应该体现出寓教于乐的观念）。我当时想："老公，就连三岁小孩的事也让我没主意啦。"我不知道那些孩子现在怎么样，严格的环境是否让家长感到满意，但是，我知道劳罗逐渐地成长了，学到了很多东西，现在在学校也非常好。我当天就能返回来照顾婉琳特！

没有哪所学校是完美的

每个学校都有不尽职的老师，有缺陷的教程、捣乱的孩子。在学习环境和社会氛围上，一年比一年好就行。学习的过程就是起起落落的，这有助于孩子构建顺应力和余度。最终，多样化才能让孩子感到生活得更快乐。

山姆曾有一个老师，他非常严格，不留情面，但他有奇思异想，留的功课结构非常合理，对学生要求标准高，声调和姿态相当严厉。因此，山姆被提问时总是很紧张。我知道，他如果像个绅士那样的话对山姆成长会更好。但我也知道，这个老师有才华，你通过授课和留作业就能感受到。山姆和我就如何与"不和谐"的人打交道经常进行沟通。他懂得了"回旋空间"这一概念，在一些老师那里你可能会得到一些回旋的余地，但在另一些老师那里，就没有了回旋余地。瑞尔和我一起倾听孩子诉说他的挫折，在没有回旋余地时不得不在困难中游泳。我们表示同情，但是，我们对这位老师无一丝一毫的失礼。我相信，虽然这位老师带来的紧张会让孩子的积极性受挫，但是，与以前相比，山姆的确也是"增益其所不能"。

家庭支持系统的重要性

我们已经讲过，日常的学习在孩子成长过程中起到的作用有多么关键，同时，父母给孩子营造的环境、给予的支持（在这里暂不从社会积极性和学业角度入手）与课堂学习是并重的（甚至更重要）。

分享一下乔恩和我的体验吧！现在我相信，父母和良师益友帮助孩子的方式是给他指引一条路。在学校能否"成功"，孩子自身的悟性和积极性与老师给的分数相比，前者才是更好的指征。我上过一流的公立高中，但我不是有积极性的学生。除了音乐得优以外，其他成绩只是一般。但上大学后，学术的火花被点燃，教授们和所处的环境触动了我。在大学二年级时学习积极性猛增。之后，我拿到了硕士学位，博士学位，在波士顿最好的学术及医学机构完成了博士后奖学金计划。

形成鲜明对照的是，乔恩在一所一般的高中就读，以班级第一的名次毕业。上了波士顿大学，之后用两年时间拿到硕士学位。我经常开玩笑地说，我们的起点差距很大，但真的是"殊途同归"。

劳罗在我们生活的地方就学、择校。我们的态度起到了至关重要的作用，这些事例无疑是有说服力的。波士顿是一个学术热土，人们为了能与名校为邻不惜花费重金住在名校所在的城镇。但在劳罗看来，这并不是特别需要的，乔恩和我认为，劳罗去哪所学校都可以，只要干净、安全就是好学校。

在劳罗上幼儿园之前，刚好房屋租约到期，我们已做好在异地"落地生根"的准备。最终，我们的新住所定在了距波士顿有10分钟车程的地方，这里的学校名气都不大，同样周围的市镇收入水平也不高。当我们告诉老邻居要搬到那里去时，很多人都问是否担心孩子择校的事。这里住房便宜并且我们喜欢这个社区的多元化，一切都很好。最终，老邻居们都很吃惊，而新邻居们友好得令你难以想象。现在，劳罗在茁壮成长，她要选择的学校名额非常充裕。

在学校要有既能享乐也能吃苦的态度。孩子们开始学习在各种条件下如何做强者，当然也包括那些缺乏主见的孩子。老师不是你的对立方，是你的好搭档。你可以放松下来，孩子在学校里自在地成长，现在已经学到E开头的单词了。

给学校打分

谁都希望孩子去学校一切平稳，偶尔发生"碰撞"也在所难免，何况后果微乎其微。但是，"一切平稳"是指什么呢？因为家和学校是分离的，因此，有的时候很难说清楚。的确，我们通常希望从学校了解到更多有关孩子的情况，绝不是简单的"没有意外"就打发我们的好奇心了，我们想让孩子茁壮成长，日复一日，年复一年，他在学校里变得"复杂"，你怎么能看出来"茁壮"呢？

答案的关键在于你要知道哪些问题是短时期不适的症状，哪些信号意味着更强的持久的问题，对于后者需要采取行动。这是一个令人"恼火"的移动目标，你必须密切关注你的孩子并且自己要有耐心。

对学业进步进行评估

我们知道孩子是以不同的速度在学习和进步的。一个婴儿，在出生第十五天时是四十磅，七岁的时候体重肯定有变化；有的小孩，在幼儿园就爱读书，有的孩子，上了二年级才知道勤奋读书；同样，社会技能，成熟度，安静地坐着，听话，相互交流……这些技能的开发因人而异，时机选择上是不同的。

在学校里，没有不拿自己的孩子与同龄的孩子做比较的，不要因为存在差异就感到很担心，尤其是，当你把孩子在学校的所有表现进行比较和评估后而感到的焦虑。假如，孩子在学习上经常不达标，社会技能表现欠佳，或是还未达到要求，这应该是课堂情境上过于复杂所致（你可以采用1对1的方式向校方提出建议，而不是提出要求）。

长远考虑

应从长远角度看待学校的教育水平和社会的衡量基准。如果，你的孩子在幼儿园阶段结束时不喜欢读书，或是在听故事时间只是安静地坐着，这并不能说明孩子有问题，或认为他与老师或学校互动的不好。道理很简单，顺其自然即可。

与老师交流，充分的信任老师

应保持开放的心态，与孩子的老师保持友好、真诚的关系。这样，在出现问题时可以与老师配合，可以共同拿出解决对策。老师可以在整个环节上对孩子进行观察，能够提供有价值的建议，并且并不局限于对孩子的开发上，也会指出学校与家庭之间行为上的诸多差异。从别人的视角了解一下你自己的孩子不是一件好事吗？

米拉是个学习认真的孩子，她喜欢自己的老师。如果她忘记了作业，你不能认为她对学习没有兴趣，只能说她的组织技能还欠火候。对待家庭作业，我告诉她应采取什么样的态度，并给予支持，但我仍然留给老师去处理。同样，我看到米拉的阶段表现报告，发现她没有交作业，我让老师知道我已知情，并会再次提醒米拉之后一定要补交。我教米拉使用日历来提醒自己记住交作业的日期，给她一些贴片用做提示。我们会看到令人满意的结果。这样处理，一方面让老师对米拉的独立性给予尊重，另一方面，通过这件事让米拉受益匪浅。

一定要相信直觉

如果你感觉到孩子有些不对，与他们的同龄人比较一下有助于你识别出潜在的问题。你要相信自己的直觉，因为你是最了解孩子的。在以下方面你一定要"细线条"：对孩子的支持、学校树立的榜样、对孩子的信赖。

老师也会有他们的偏见，这一点与所有的普通人一样，它们通常凭自己的经验看"问题"并做出反应（据此写评语）。比如，一件事情在一个老师看来属于"行为问题"，而另一位老师可能以为是焦虑所致。

老师毕竟精力有限，因为它们需要关注整个班级的孩子，所以，有的时候，并非老师不作为，而是因为问题的迹象并不明显。

有时候，在老师看来是正常的，但是你却固执地认为孩子有些不对劲，不要忽视，也不要因此而犹豫或是担心。在此不做过多地强调。孩子们对寻求帮助方面是迷茫的，因为不知道如何辨别问题。你的直觉就是孩子温馨的卫士，在出现干扰时会很敏感。

对孩子事务的管理

大多数情形下，让孩子和老师共同解决问题，你只需在方式上、出发点上有个态度即可。帮助孩子亲力亲为，并在以下方面给予鼓励——有礼貌地提出问题，做出合理的建议，在校内和校外得到老师的帮助，与辅导员多沟通。

必要时提供额外的帮助

有时，孩子需要你或是学校的专业人士、医生、导师或临床医生的更多帮助。对于这样的需要，不必感到很紧张。

如果学校的管理不起作用

如果每个人都很努力，但是当学校的管理不起作用时，你需要知道问题出在哪里：校方、老师、你的孩子还是你本身？明年大一些是不是会好些？换新的老师还是新的教育模式？

这取决于内心直觉的指引，因为这不能主观臆断。怎么做应取决于你的直觉，取决于你对孩子的了解。孩子的权利不是你的权利，要相信勇气和信心的力量。当朋友的规劝、领导的勉励都无效时，不要再坚持，换一种态度可能更好些。

山姆初入学时非常勤奋，老师、同学和医学专家告诉我，他的状态、成熟度和时机都很好。可是，几年后感觉他情绪很低落。我们努力进行改变，但终是徒劳，他使我们精疲力竭。我们只能相信自己、相信孩子，让他回家自学。校领导的反对的确让我有些害怕，其他的家庭成员也不认同，谁也没想过自学这条路。但是，我们遵循我们内心直觉的指引。经过18个月的自学，山姆变得快乐、健康、强壮，比之前更自信，再回到公立学校时，就开始茁壮成长了。

如果学校的管理对孩子不起作用，你还有很多选择，总之不会无路可走。你可以不断地修正方向。现在认为不正确的，也许到后来变得正确，我们需要适时地改变。

教育的范畴比学校大得多。最终目的是让孩子快乐、稳健地成长，路上有很多"正确"的道路和艰苦险阻。

🌱 放手的艺术

对孩子的管理需要有张力，父母面临的挑战是在管理上学会放手。当你这么做时，如何保证孩子能茁壮成长呢？为此请教了颇具洞察力的艾伦·塞德曼，让我们一起来分享一下她的见解吧。

放手益处多多

多年来，我丈夫和我一直用匙喂多一分理解，他拿餐具、进食有困难。马克斯六岁时，有一天我去学校填表，顺便去班级看他，正是午饭时间，他坐在桌旁自己吃着饭。"他居然自己吃饭"，我惊讶地问老师。"当然"，老师回答。我无言以对！马克斯在家一直都是别人喂的，可从这件事以后，我们要求他自己吃，可是这种要求执行起来非常困难，为了他好，我们只有坚持。

放手的时机

九岁时，马克斯学着写自己的名字。第一天他拿回一张纸，上面写着"马克斯"，还有一个职业疗法专家写的便签，告诉我这是孩子自己写的。之后，我把它裱起来挂在他的房间里。也许，在别人看来，一个九岁小孩会写名字没什么，但对我而言那是一种震撼。当时想的简单，我逼着自己读儿童开发方面的书，但马克斯情况特殊，读着读着，我很绝望，也不再订此类杂志，任由他去吧，我认命。现在我却感到庆幸，每个孩子都是独特的，都喜欢做自己喜欢的事。玩球、上厕所，想做什么就做什么。你的孩子与其他孩子相比并不差，放手吧。

9 将校园生活化繁为简

也许有人会认为孩子上学之后他们就自由了，他们可以在后院的吊床上悠闲地喝柠檬汁。但是我们所知道的很多父母却发现孩子上学之后自己变得更忙了。这是为什么呢？

把孩子送进学校，父母承担的可不止是学费。很多事情等着你操心：自带午餐（原料事先储备好）得准备，衣服脏了得洗，日程安排要打理，活动、家长会得参加，放假时间要标记，孩子放学得去接，孩子"遭遇社交困惑"，你要点拨引导，随着孩子年级升高，你要留心作业情况。

孩子上学，家长是有功课要做的。这是个不错的差事，不过，既然是功课，也就是责任，是担子。这一章，我将和大家分享如何把功课简化，省下的精力便可以随你支配了。

建立常规，按部就班

在第二章，我们讨论过家庭"自动助驾仪"的魔力。在工作常规化这里同样适用。忙乱的上学日简化了，你会踏上轻松的节拍。当孩子习惯日程和周常规之后，他们这种技巧会在他们的学生时代一直奏效，尤其随着日程越来越满，期望越来越高，这些技巧会发挥更大的作用。

眼光放长远。构建习惯遵守习惯少不了花些时日，并且需要不断完善。但是一切努力都是值得的。一旦人人步入角色，回报毋庸置疑。

假期结束，开学如何快速返回正轨？常规，依然是理想的对策。

今晚准备就绪，明早省时省力

想完满地完成明天的事项，今晚开始动手吧。把它当成多米诺骨牌，事先摆放得当，只需早上的时候轻轻一推，所有骨牌依次倒下。孩子足够大时，这些准备工作可以转交给孩子做。

准备好衣服

孩子嚷嚷着"今天穿什么"，"内衣洗好了吗，没穿的了"，置之不理不能解决问题。前一晚把衣服摆好（孩子能自己做更好），第二天早晨会顺利得多。

梳理头发

吾家有女留长发，场面一团糟：父母火冒三丈，怒不择言，孩子心烦气躁，眼看上学要迟到！别着急，睡前梳一梳，秀发打结好应对。

布置早餐用品

我们可以把碗、勺子、麦片、维生素等早餐用品放在厨房的一个托盘上，方便早上布置。

午餐第一步

不易腐坏的食物提前装袋，凉的烫的留到早上装。关于午餐的其他建议，请参看第十二章。

背包、午餐有秩序

把餐盒、餐袋与背包摆在一起，以备早上装好带走。

处理狼藉餐具，清空洗碗机

没什么比干净的厨房更让人心旷神怡！今晚腾空洗涤槽和洗碗机，早餐结束，所有餐具可直接放入，不必在洗餐具上浪费宝贵的时间啦。

放学后所需的物品也归到一起

如果你的孩子放学参加活动，你会庆幸自己提前把运动服、装备和零食通通装入便利袋。至少，将要做的事列成清单，不用准备一次就需要想一遍。

上学日的早晨

早上顺利开始和保持镇定是周密计划的关键。牢骚满腹，怒气冲冲，陷入困境无法自拔，都只能使周围人的不良情绪升温。努力树立信心，保持镇定（假设这是唯一出路），孩子有希望接受你的积极暗示。

计划的内容取决于当事人和具体情况。影响因素包括是否有其他的成年人帮忙，共有几个孩子，孩子的年龄，是否你也在准备上班，到学校的距离，早起后一贯的个人情绪。

记住，没有一蹴而就的常规——常规注定要修改。不管你的习惯怎么样，你要树立"首先我们要做这件事，然后再做那件事"的榜样，你做得越好，孩子学得越快。

比孩子早起

至少比孩子早起十分钟。不仅可以享受一会儿独饮咖啡的惬意，重要的是，"战役"打响时，你会多一分把握在胸。

鼓励孩子使用闹钟

让所有的孩子都使用闹钟，不管他们多大年龄。孩子早点习惯自己起床，大家早上都好过了。

苏珊在博客上说道：我的孩子小学一年级，总是睡多久都睡不够。偶然的一次，他在塔吉特百货迷上了一款达斯　维德闹钟——问题就这样解决了。现在，闹钟一响，孩子马上起床。

轮流先起床

如果孩子们起床时间不统一，可以选择和你的配偶轮流先起床的方法。

我和乔恩一直这么做。当初女儿劳罗还在襁褓的时候，凌晨醒来是家常便饭。我们俩便轮流早起照顾她。不是我"当班"的时候，我可以踏踏实实地安睡一夜，不用提着心去时刻留意婴儿的举动。现在，对于劳罗和维奥利特，我们延续这个做法。劳罗通常比特维奥利特早起一个小时，于是我和乔恩轮流和劳罗同时起床。每每从维奥利特的闹钟声中醒来，我感到那丁零零的声音如此悦耳。因为它让我想起，今天轮到我多懒一会！

认真吃早餐

好的早餐是一天学校生活的保证，也是全家人早上分别前沟通感情的好方式。夜猫子和对早餐没有胃口的人也要吃早餐。所以，重视早餐吧！土司鸡蛋、燕麦、冷麦片、牛奶、水果、坚果，上顿没有吃完的食物……都可以作为早餐。适当摄入蛋白质有利于早晨大脑和身体的发育。如果孩子没能及时吃早餐，老师同意的话，课间时候送点零食。

共同展望新的一天

养成习惯，每天早上和孩子聊聊新一天的情况，提醒他们眼前的任务，帮助他们学会未雨绸缪。

希拉里通过育儿博客说：孩子吃早餐的时候我做午餐。我们一边忙活各自的事情，一边谈论当天的安排。（例如：记得今晚有体操课，放学在托管班抓紧时间做作业。）

设置时间轴

把早上的活动自然地分解成几个阶段，例如，吃饭，穿衣服，梳洗，出门。如何分解根据个人情况。接下来，在每个阶段加上时间。例如"早餐八点结束"。了解进程，孩子会更好地把握速度。

有次我出差几天回来，发现家里的一块圆形黑板上写满了字。仔细一看，竟是劳罗写的计划表。显然，她决定为这个工作出一份力，尤其在我出差的日子。因为她的爸爸需要把两个孩子分别送到学校。黑板上精心规划的每时每刻令人感动：

7:00前：起床穿好衣服

7:30前：吃早餐，准备午餐

7:40前：装包，刷牙，去洗手间

7:45：出门送维奥利特

8:00：送达

8:35前：到校

高调地结束早晨

不要在乎计划实施结果如何，尽力最后送别时带着积极的情绪。构建习惯时情况时好时坏实属正常。完成大的目标，取得进步比持续成功更重要。何况，再过几年，没有人会记得辛酸的往事。

放学后

我们心知肚明，放学后，孩子迫不及待地扔下背包，沉醉在逃脱学校束缚的欢乐中。事实上，我们鼓励孩子这么做！但是，一点常规的引导可以帮助孩子增强对时间的责任感，也能创造更多轻松愉快的家庭时光。如果有托管衔接放学和你下班的在这段时间，把托管人员融入你的规划。他／她负责确保孩子们完成作业（你可以下班以后检查）及放学后的所有杂务。

清空书包和餐袋

在家中固定一个挂书包和纸质资料（还有衣服）的地方。

我们家的入口通道放着一个二手衣架，厨房放着一个立式档案柜。孩子们回家后，把背包挂好，然后把背包和餐盒里的东西拿出来放到厨房。空容器放在洗碗机，资料放在档案柜。这样需要做作业、签假条和读通知的时候，大家都知道从何开始。（实施反馈：需要花费很长时间让孩子坚持遵守规划，至少我们在进步。）

让健康零食放在手边

孩子回家后经常狼吞虎咽。不要养成给孩子提供零食的习惯——把健康的零食放在孩子手及范围之内，当他们想吃的时候伸手就能够拿到。

明确作业和家务

预先决定作业是应立刻完成、吃完零食后完成还是晚上完成。对于家务也是如此。孩子的时间管理能力提高后可以灵活些。

区分自由时间、锻炼和休息的优先次序

不管怎样，让你的孩子明白，休息、放松和玩耍与学校里学习到的一切知识同等重要。我们把放学后的一个小时设为自由休息时间。上学时的劳逸结合让孩子日后工作中也能把握平衡。

小话课后活动：刻意安排活动适度而止。一天的课程结束后，孩子不仅需要休息、恢复、整合消化当天的知识，而且他们也需要认识玩伴，参与周边小朋友的夺旗游戏。调整家庭计划时谨记该点，我们会在第十章介绍更多关于课外活动的内容。

家庭作业

之前经明文表述了关于家庭作业的原则：作业终归是孩子自己的事。通过独立完成作业，孩子练习了如何组织时间和思考。你应该给予指导（适时激励鼓舞），但是计划的目标是逐渐放手。

家庭作业五花八门。一些考查孩子的创新思维，一些看起来较烦琐，不管你对今天的作业持什么看法，坚持完成任务。想想如何对孩子谈作业的目的，怎样将作业嵌入每个孩子的整体规划，作业在当前首要任务中占有什么位置。和他们谈谈时间管理，解释为何专心致志意味着节省时间。

作业时间也是讨论做事品质的机会。字迹、整洁程度、细节（如名字和日期写在右上角）都是学习过程的一部分。

把事情安排妥当使整个机制更协调，而井井有条地安排让晚间作业更轻松。

欲善其事，先利其器

让削好的铅笔、橡皮、草纸、尺子、剪刀、计算器、计时器触手可及。无需昂贵精美，普通储物筐子盛上文具，放在餐桌或壁橱即可。

最小化分散注意力

作业时间一到，零食、手机、玩具等等，只要是分心的东西，一律收起来。鼓励孩子专注手头的工作。也就是说：对于有的孩子，每全力投入一阵休息五分钟，效果会更好，计时器派上用场了。做任何事时，当心注意力分散的影响。

使用组织辅助工具

尝试教孩子使用简单的组织辅助工具。帮助孩子将任务记在物美价廉的记事牌或台历上。手机里的应用软件也可以，前提是孩子不会被智能手机吸引而走神。把大任务分为几个小部分，规定截止日期，任务完成，可以给孩子一些小奖励。有的孩子觉得使用大人的工具更能调动积极性。

决定/怎样监督家庭作业

父母帮助孩子确立完成作业的节奏，自己需要决定是否或怎样监督保证孩子完成作业。如何解决这个问题还取决于你的孩子。有的孩子很自觉，有的孩子则需要一点督促。最终目标是，让孩子养成自主认真完成作业的习惯。

劳罗是那种能够按时完成作业的孩子。她读小学一年级的时候，通常自己先把作业做完，然后我负责检查，看看她有什么地方需要帮助。

她升入二年级时，我们让她承担更多的责任。我们会告诉她，作业越晚越难做（因为越晚越疲倦），但是，只要睡前能够完成，什么时间做由她自己选择。我们也会告诉她，遇到不懂之处要寻求他人的帮助（父母或老师），这没什么丢人的，否则去上学有什么意义呢？

至今为止，这些方法效果都不错。劳罗习惯的套路是：回到家，吃零食，做作业。偶尔和朋友玩耍时，她甚至能和朋友一起把作业完成。二年级学年初，她总是要求我们检查作业，到学年末，她只需要我们检查她不确定的地方。

保持积极的态度

保持乐观的态度，也要留意一些异常的信号，这些信号显示孩子遇到了困难。即使你对于每天的作业并不热忱，还是要努力保持积极的态势。更重要的是，擦亮你的双眼，甄别孩子的态度是否代表处境恶化了。

珍通过育儿博客写道：建立常规的作业时间和建立常规的就寝时间类似，两者同等重要。进入大学之前，他们还要做十三年作业。作业将是构成他们生活的很大一部分。父母的态度对孩子影响巨大，如果你老是埋怨孩子有作业，孩子就会对作业抱有消极的态度。记住：有时候孩子害怕做作业是因为他无力完成，并且知道经过痛苦的努力才会熬过这一关。和孩子的老师聊一聊，原因也许是对期望的误解、需要家教辅导等等。

设置作业结束时间

成年人需要设置工作和家务的结束时间（见第二章），孩子也需要按时停止作业。

我们为孩子设置了作业结束时间，无论作业完成了多少，八点三十分，请合上所有的书。这样，我们有时间在睡前再交流一次，孩子也能保证充足的睡眠。

收好个人物品

作业时间结束后，把所有东西——文具和作业都收拾好。这个小习惯能让孩子更好地掌控整个一周的作业。

如何应对焦虑感

面对独立和五彩纷呈的社交生活，一些孩子摩拳擦掌，另一些孩子却在过渡期忧心忡忡甚至恐慌害怕。我们都知道，强迫孩子做他们做不到的事情是种折磨。和颜悦色地鼓励是家长们最头疼的事情之一。虽然是应该做的，心里总不那么舒服。

从上日托到离开幼儿园，劳罗始终在和与父母分离的焦虑感斗争。真的不容易，太难了。她上幼儿园那段，长达六周的时间我们送她时几近崩溃。这六周都是在学年初和学年末。我们心灰意冷，但是我们没有放弃。我们把注意力转移到劳罗的优点上，耐心地聆听，坚决支持老师和学校的工作。努力没有白费。小学开学那天，她欢欢喜喜，面带微笑地向我们挥手告别，那一刻，仿佛奇迹发生了。

如果你的孩子有"上学困难症"，下列策略适合你：

接送孩子

你心急如焚，送完孩子才能忙活自己的事。不过，如果孩子还在焦虑中挣扎，给他们5到10分钟的调整时间，或许情况会大有改观。计划出富余的时间，并将早会推迟15～30分钟，可以缓解自己上班迟到的焦虑。

沉着冷静

本条是首要原则。镇定、耐心、支持是救火良策。烦躁、沮丧很难遮掩，尤其是孩子耍脾气，吵着"我不要"的时候。做个深呼吸，别忘了，这是孩子的一个重大转折期。促使事情向好的方向发展。如果你失控发了脾气（肯定有这样的时候，人人无法避免），蹲下来，注视孩子的双眼，道个歉，给孩子一个拥抱，我们从头再来。

聆听

有时候，孩子只是需要宣泄自己的感受。体会他们的心情，多一份理解。我们都渴望自己的感受和努力为人所知，不是吗？

杰森通过博客表示：我们帮助5岁的女儿找到合适的词来表达挫败感和种种情绪。我们只是倾听，不会试图解决她的问题。我的心得是：帮助女儿成为善于调控情绪的人，比给出具体的建议更有意义。

琼通过表示：给孩子讲讲你的经历：刚刚开始一个新的工作（项目等）时，你一直忐忑不安，但最终你爱上了它。知道别人也有和他们类似的感受，孩子会感到安慰。

教会孩子信任

一些孩子的焦虑感来自对新老师的不信任。这时候你需要给孩子一颗定心丸，告诉他们，妈妈绝对不会把他们交给不信任的人！

夏令营开始的第一天，我带着劳罗来到学校。她表现得很平静。尽管这样，我感觉关于信任的事情还是需要重申一下。我说："劳罗，这个夏令营的主办方经验丰富，口碑很好，你有什么疑问或什么别的问题，可以向那些大人求助。他们是可以信任的。但是，如果你觉得一切糟透了，立刻告诉我和爸爸，好吗？"劳罗坐在后座上，咯咯地笑了笑，对我说："当然，妈妈，我知道你不会把我送到不安全的地方，你放心吧。"

后来，劳罗把第一天的情况向我们作了全面的汇报。她非常喜欢辅导员，但是认为戏剧老师有点"怪异"。我们接着考察了一下所谓的"怪异"是指什么。老公和我一致认为，就算孩子仅凭直觉和经验觉得哪里出了差错，也要让孩子敢于畅所欲言，这种培养很重要。经过调查，我们发现，劳罗觉得戏剧老师过于尖酸刻薄。我想说的是，强化孩子对老师的信任感很重要，让孩子知道哪些地方出了问题，让孩子学会和父母倾诉和分享。

孩子不想去幼儿园怎么办

孩子可能不像你想象中那样爱去幼儿园，甚至讨厌去学校，总是问题多多，很多时候，不愿跟同学交流，怎么办？

让孩子带去家的气息

给孩子一个安全熟悉的家的气息，这种气息可以是具体的实物，比如玩具、零食。劳罗上幼儿园时，都会带上家庭照片，能够让孩子想起家和亲人的东西会给她在幼儿园带来抚慰。当然，这种家的气息也可以是抽象的，比如妈妈的吻。

与老师沟通

提前告诉老师你的孩子害怕上学。双方可以共同给孩子制定一个具体的短期计划，比如今天让孩子学什么，这样让孩子幼儿园生活更顺利，更有效率。

可以预测的接送

制定一个微计划，让孩子有所期待。极度焦虑可能让他做什么都没心情，想扫除他的疑虑？去学校的途中，亲切地和孩子描述即将发生的事：首先我们走进学校，然后挂好衣服，我们会给你一个大大的拥抱，我们吻别后，你的老师会牵着你的小手带你去教室。

提醒孩子要忙起来

无聊郁闷时，度日如年，忙碌时，时间飞逝。告诉孩子这个道理。如果孩子心情不佳，找老师换个能忙起来的活动。

和孩子道别时要坚决果断

温柔果断地和孩子道别，但态度一定要坚决。老师伸出了双手，就把孩子交给老师吧（刚开始确实很难）。

接孩子早点到

许诺放学时提前几分钟到学校。孩子知道一出门就能看到你，心理一定踏实多了。

找个搭档，互利共赢

如果你和孩子的配合进入僵局，找个搭档，也许换个人接送孩子会有奇效。距离给你们重新开始的机会。

放学后

终于放学了。孩子完成了一件大事，情况允许的话，爸爸妈妈不要用这个时间工作，抽出时间和孩子沟通沟通。接送孩子的时候，在路上也可以多沟通，如果不是父母亲自接孩子，沟通的内容尽量简单、轻松。

最好或最坏

雪莉分享了一个很棒的点子：让孩子玩"最好或最坏"游戏，规则是选出一天中最好的和最坏的事情。这个小游戏帮孩子应对逆境，发掘积极的一面。了解孩子的情况非常便于和老师交流。

设立阶段奖励机制

前两周的时间具有挑战性，孩子辛苦一天了，给他些犒劳：一点美食奖励或贴纸奖励或5分钟的客厅舞会等等。

朋友亲戚齐上阵

从朋友亲戚的角度进一步了解孩子，有时给朋友和亲戚打个电话很管用。我们都发现，孩子在朋友和亲戚面前更乐观更积极。

往前看

父母揪住糟糕的事不放，只会让它更糟糕。带着积极的心态拥抱未来。

当孩子遇到焦虑或消极情绪怎么办

我的三个孩子教会我，不能对消极的东西做文章。我们不应该过多地讨论孩子的焦虑和消极。信不信由你，有时他们只是说说而已，不需要你去做什么。认识到孩子的焦虑感很重要，但过分关注只会恶化情况。你可以简单地说一句："我刚去某地的时候特别紧张，但是我撑过去了，我为自己感到骄傲。"好了，这个话题到此为止。过多地关注会引发孩子对事情的厌恶和忧虑。对于孩子的消极情绪，家长一定要平心静气地处理，把它当做全世界最平常的事。

感谢老师

坚持和老师沟通，并友善表达谢意。大多数老师已经习惯孩子有焦虑感，但是依然会给他们增添压力。告诉老师你感谢他们的额外付出会带来改变。

其他挑战

"小霸王"问题以及同学矛盾的问题不在这本书的讨论范围。锦囊妙计一章给出了关于"小霸王"的建议。当然，本书的许多策略同样适用。下面是几个办法：

1. 和老师保持联系

孩子和同学发生矛盾时，需要让老师知情。我们经常认为老师能够洞察秋毫，什么事也逃不过他们的眼睛。事实上，让老师捕捉到所有动态是不可能的。你提供的信息可以帮助老师把握孩子的状况。而且，你能够让老师跟踪班级的最新情况，老师可以发现孩子"成长的瞬间"，为孩子的问题出谋划策。

有一年，劳罗被同学欺负了。我没在学校里遇到那位同学的父母，于是我把事情告诉给老师。老师感谢我和他沟通，并在当周开展了一个有关个人空间和尊重的班会。我很满意自己的做法：把问题交给老师以班级讨论的方式解决不仅避免了劳罗成为焦点，而且也缓解了两个孩子紧张的关系。

2. 尝试新的沟通方式

孩子不能把所有的烦恼都用语言表达出来。有时候，他们觉得说出来太尴尬。这时候家长可以尝试一下新的沟通方式，比如画画或者写信。"画出来"和"写出来"对劳罗来说更容易。

3. 结识其他家长

如果家长互相认识，孩子间的矛盾化解、解决得更快（有些情况很困难，比如，你从未见过有的孩子父母接送过孩子，但是总体的原则是，尽最大努力结识其他家长，不要等到问题出现以后才想起来）。孩子之间有摩擦不可避免，久而久之，这些家长之间的关系会成为消除摩擦的润滑剂和尴尬时刻的融冰剂。

当家长第一次因为孩子间的矛盾而不得不与其他家长交涉时，努力做到开明坦率、实事求是、言简意赅。先道歉，绕圈子或态度强硬只会让事情更棘手。表明来的目的然后共同努力，寻求对两个孩子都有利的解决方案。

融入大环境

一个有趣的体会：你关注的就是自己的孩子，却无法脱离集体的大背景。朋友、家长、老师、学校管理人员、邻居等，宏观上说，教育需要团队合作，很棒的交流机会，然而，这意味着更多，更多学校活动时间，更多的交际和计划。我们试图解决的不正是"更多"的问题吗？融入并增强学校社区不仅仅是做更少工作的诀窍，而且也意味着更多的意义、联系和乐趣。

接送孩子

接送孩子。有时这成为你和孩子学校唯一的定期联系。这段时间可以加深对孩子学校生活的理解，也可以顺便和家长们聊上几句。可能你只是开车顺路，停留时间很短；可能暂时无法落实，你在工作，其他人来接送你的孩子。无论是何种情况，花时间想想是否能够利用这个时间巩固和他人的关系，使学校成为更紧密的"小团体"。

注意和你路程相近的其他家庭

他们是互换接送的最佳候选人。不要局限于你和孩子已经认识的人，寻找机会把自己和孩子介绍给别人，看看有什么收获。

陪孩子步行到校门口

如果你是开车来的，停下车，和孩子一起走到校门。即便只能共处几分钟，也会对孩子有帮助。同时你多了和其他家长沟通的时间。

四处走走

多花几分钟，可能成就绝妙的友谊。所以，送完孩子不要立刻离开，在学校里走走。把自己介绍给学校的职工，浏览告示板，熟悉学校里的人，包括门卫和食堂员工。

早点到学校接孩子

道理同上，给意外收获一种可能！旁边站着的人可能就是你的下个好朋友！

熟识孩子的同学

了解孩子们打招呼的方式。记住他们的名字，观察他们怎么形成自己的圈子，怎么在一起玩。有了这些背景信息，孩子再讲学校的事，你就不会觉得云里雾里听不懂了。

主动帮周围邻居接送孩子

打电话给孩子朋友的父母或临近的家庭，并不需要固定的计划。亚莎的邻居们不能亲自接送孩子时，可以随时给亚莎打电话。这让亚莎和她的孩子交了许多朋友。双方的孩子可能原来互不认识或学校里不常在一起，有什么关系呢。主动帮周围邻居接送孩子你既解决了别人的问题，又加强了你的人脉。

在学校做志愿服务

感知学校、老师、学生文化最快的方式是在校园里。志愿服务可以加速认识其他家庭的进程。不能说去为学校提供志愿服务的家长才是好家长。很多家长可能有时真的没时间。你内心的真实想法是什么？这时问自己：

· 你的孩子喜欢你去学校吗？他是不是希望学校成为自己独立的空间

· 你的出现让孩子开心还是变得黏人

· 你想做志愿者吗？"不"，或者"只愿意参加校外活动"还是其他什么答案都没什么。不做志愿者，还有许多途径可达到同样的目的

如果你选择了做志愿者，和行政人员或者老师或者班主任联系，明确学校政策，共同商讨如何开动服务工作。每周你可以在特定的时间去孩子的班级做一次服务，如果你喜欢在一个小组工作，可以去学校的家长或老师协会看看。如果你的组织能力比较强，可以考虑举办募捐、大型活动或班级聚会。

我是一位有全职工作的母亲。工作繁忙使我错过了放学时和别的家长建立纽带的机会。我不能和他们一起边聊天边等着孩子冲出校门把书包扔过来，看着他们兴奋地跑向操场。作为弥补，我每隔几周去学校做几个小时的志愿服务，或下午休息期间协助学校的特别活动，比如万圣节狂欢、粉刷墙画、大扫除。我的努力得到了主办方的认可。我还能借此接触到其他班级孩子的家长和老师，这在平时是很难得的。我和一些妈妈交了朋友，我们每个月都聚会，共度我们的"妈妈之夜"。暂时逃离烦乱和忙碌，谈谈生活，聊聊学校和身边发生的事，我们很享受相聚的时光。

　　我小时候，我的父母很忙，没有时间参加我的学校活动，我唯一的愿望就是妈妈能陪我一起参加郊游或来班级里帮忙。劳罗和当年的我同病相怜，我要是能每天去教室坐在她身边，她会乐疯掉。

　　我的罪恶感来自我的全职工作（常常加班），因为在家办公，我觉得我的时间本应很灵活，应该主动陪伴女儿。有时我真想跟着感觉走，把精力放在想做的事上：点心义卖（我超爱烘焙）、缝制班旗（我擅长缝制矩形的东西），当我想到事在人为的道理才如释重负。另一个想法也有帮助：父母的参与很重要，一点一滴都是宝贵的。

苏珊通过育儿博客说：我们接送孩子都是坐公交，孩子小学起就是这样。所以我错过了上学和放学家长们的"聊天时间"。我一般跟着儿子的脚步。他和哪个孩子新交了朋友，我会马上联系那个孩子的家长商定孩子一起玩耍的时间。我每月登门几次和他们共进午餐，也努力出席所有的特别场合。孩子的老师总是早上一来就把事情规划好，以便那些不在家工作的家长上班前顺路拜访。

你选择的工作一定要是自己喜欢的。如果一开头就像在做勤杂工，孩子能感觉到你内心的矛盾，志愿服务就失去了一部分价值。如果这个情况确实发生了，最好先把目前的任务坚持到底，再另选别的工作。

孩子上学时，给予物质和情感支持是为人父母的相当一大部分内容。动用一下你的智慧，在帮助孩子和培养孩子独立能力之间找到平衡，便可以在顾及孩子教育的同时给其他重要的事留出时间和精力。

10

校园之外：
拓展活动和校外课程

喜剧大本营、室内足球联赛，课外活动多种多样。如果你有足够的时间和金钱，可以让你的孩子参加各种各样的拓展项目和课外活动。其实，这些校外活动可以一点点地融入到日常的时间和休息中。这不仅仅对你的孩子有益，而且对你也有好处。

请别误解了我们的观点：课堂、露营、运动会和兴趣小组是让孩子经历新事物、结交新朋友的一个极好的办法。但是当参与校外活动产生的压力多于学到的东西或乐趣时，这个时候就得不偿失了。

但是现在，很明显的是我们热爱开放的空间，因为它适用于你的家庭、你的日程和你的生活。在为培养创新性和自由玩耍之间腾出空间之际也要把最小化课外活动考虑在家人兴趣、身体素质和家庭预算中。换而言之，我们鼓励你对超额日程说"不"。

正确看待校外活动

我们都希望孩子们快乐成长，积极主动，可以聆听不同的观点，体验各种生活。但是值得我们审视的是究竟是什么可以塑造一个完美人格的人。当我们想到一个有理想且人格完满的成年人时，这个人一定兴趣爱好广泛，生活和谐。她参与生活的各个方面，却从不忙乱。她有运动的时间，也有思考的时间。有时候她在"做"事情，有时候她讲究一种状态。她能够认识到社会时间和自我时间（与家人在一起和独处）的价值。

把这个人格完满的人和当今的很多小学生相比较：早起去上学（有一些为了完成作业或做运动或音乐练习起得更早），平日里每天下午都忙于参加各种运动和活动，很少回家吃晚饭，剩余的小部分时间里急匆匆完成家庭作业，有时为了写作业还会牺牲休息时间。周末就像是被打包了一样。玩耍约会几乎是不可能的事情。在附近打篮球？别想了。很多孩子甚至都不知道怎么安排自己的时间，一旦没有一个可以让自己忙碌起来的计划他们就会感到焦虑、烦躁。

"无聊"的激励力量

你知道为什么"需求乃发明之母"吗？无聊是捏泥团和夺旗游戏的母亲。如果孩子们一直太忙从不会感到无聊，那么他们就会与周围最大的创新激励因素失之交臂。

我们并不是建议你把无聊纳入日程，你也不要担心无聊。要让无聊成为你的助手。也许让你的孩子回心转意需要花费很多时间，你还需要应对那些反对意见，但是从长远来看自我娱乐是一种胜利。

我最喜欢这样回应那些抱怨无聊的问题："恭喜你！这是你真正开始创新的信号！"它或许会招致孩子的白眼儿，但是孩子们总会懂得的。

你的孩子会被"遗漏"吗

参加运动会或音乐课对孩子是大有裨益的，但是前提是这些活动是和谐生活的一部分，和谐生活还包括自由的玩耍时间、家务琐事、认真思考、家人团聚和休息时间。如果你仔细考虑一下，一个填满各种活动的日程安排可能会带来另外一种被"遗漏"的风险——错过了解自我兴趣、形成认同感和认识自我的机会。

日程安排中的活动太多会伤害孩子追求和建立友情的能力。活动是认识新朋友的好办法，但是深厚的友情需要时间和空间来互相了解。

超额日程还会对培养孩子的家庭责任感造成坏的影响。很多家长把给孩子腾出时间写家庭作业放在第一位，很少让孩子做家务或参与家庭生活，认为这样能够减少他们极其忙碌的孩子的压力。确实有些东西应该放弃，但是家务活却不能放弃。做家务是培养孩子集体责任感的基础，也是孩子以后会应用到成人生活的技巧，让孩子做家务也是在你的易掌控之中的事情。在舒适的家中进行"课外拓展"吧！其他很多重要的事情也因为过于繁忙的日程表耽搁了：阅读的乐趣、安静的健脑活动比如拼图游戏、棋盘游戏和纸牌游戏；逛公园；周末探险和足够的想象时间。

童年时光是短暂的。不久你就会好奇时间都去哪里了，想要多一点的时间陪孩子。在每天的喧嚣生活中，人们很轻易会忽视孩子放学后的时间是多么珍贵。如果你的孩子仍然想和你出去闲逛，抓住这些时间，利用好这些时间，即便是你透过厨房的窗子看着你的孩子给草坪割草也是值得珍惜的事情。

在给孩子报名各种培训班前，多问问自己"为什么"

现在毫无疑问的是你会给自己的孩子报名参加各种各样的课外活动。如果让孩子独自在外面玩耍，很多父母会担心孩子的安全。人们对让孩子做好竞争"准备"颇有压力，不管是在运动场上还是在将来的入学考试中。很多父母把校外活动看做是连接孩子放学之后和他们下班回家之前的这段时间的桥梁。很多父母让有组织的活动代替了校外的玩耍，因为小孩子们没有玩伴。

但是在给孩子报名参加校外活动之前，请问问自己为什么这么做。真的，为什么？是因为你的孩子非常喜欢踢足球或弹吉他吗？如果是，那么非常好，现在就行动起来吧！但是如果不是，也许有其他原因促使你使孩子忙碌起来。我们在之前的章节中涉及了一些动机，但是有必要在这里重申一下：

· 你是想弥补你作为孩子的时候错过的很多机会吗

· 你是不是把让你的孩子报名参加校外活动等同于一个更好的父母

· 你患有"错过"恐惧症吗？你是怕你的孩子被其他孩子们隔离还是害怕自己被其他父母隔离呢

· （孩子无聊时）没有计划的时间让你觉得紧张吗

在这里不要觉得内疚或羞怯，适应环境的压力确实存在，而且我们都易受其影响。我们都希望让我们的孩子体验丰富多彩的生活。但是当你坦白面对你这些行为背后的动机时，你一定可以为整个家庭做出更好的选择。

评估孩子的兴趣和乐趣

这个道理同样适用于日程安排。也许你的孩子每天的校外活动都不一样，但是依然茁壮成长。或者你的孩子压根儿就不怎么喜欢正式安排。或者你的孩子拒绝任何新事物。

即便你的孩子自己也不是很确定，你也要多听听他的想法。把他的兴趣而不是你的兴趣置于首要位置。当你试图把自己的喜好强加在一个根本就不情愿的孩子身上时，对谁来说都不好。另一方面：敞开你的心扉。也许你会发现你的孩子更喜欢一些你从未考虑过的东西。

我的两个孩子都喜欢校外的自由时间，所以都没有参加很多的校外课程。但是有一天，当我与米拉讨论起兴趣时，她的话让我倍感惊讶："我一直想拉小提琴！"（那个时候她才八岁）。我们一家人都很喜欢音乐，并且她爸爸曾玩儿过曼陀林琴，但是她对小提琴的兴趣完全是处于我的意料之外的事情，她以前从未提过。我当时表扬了她一下，但是并没有立马给她报名小提琴课，认为她的"兴趣"只是一时的心血来潮。几周过去了，她总是静静地问我是否租用了小提琴或和小提琴老师联系过。两个月之后她还在说关于小提琴的事，我们决定采取行动了。幸运的是在家庭收支和日程安排中都还有剩余空间，因为她没有参加其他的课程。我们在当地找了一名老师，从那之后米拉就一直在学习小提琴。她的动力和乐趣都十分明显，因为这是她自己的主意和想法。

有时候，了解孩子的喜好这件事情说起来比做起来容易。他们也许不能说明白他们选择背后的根本原因，这使你不知道该如何行动。一方面，你不想逼迫小孩子去做他不喜欢的事情，但是另一方面，你又想鼓励他扩大自己的舒适区。它是一种艺术而非科学。有时候做好"准备"花费的时间比你想象得要多。

对萝瑞尔来说校外课程是一个我必须努力的方面，因为我要弄清楚"为什么"。作为一个孩子当提到校外课程式我什么都想参加，却什么都不能参加（除了速成音乐课———一种"富有成效的"的校外课程，后来也半途而废），因为我有一个大家庭，家里经济紧张。所以当萝瑞尔开始上小学时，课程选择就摆在了面前，我想把整个世界都给她，或者让她尝试一些事情。

但是萝瑞尔很长时间里都拒绝参加任何活动。我们最开始说好的游泳和滑冰她不情愿地同意了，但是结果却是上课路上和上课期间的大哭大闹。看到你的孩子站在一群玩得很开心的孩子之中啜泣（不出声地或有时候大声地）是件很痛苦的事。

所以最终我放弃了，我决定把选择放在一边，让萝瑞尔自己做决定。

很长时间里，当我问起萝瑞尔关于再次参加校外课程的事情时，她的回答都是不。但是当她最后同意参加足球课时，她非常兴奋热情，这种兴奋和热情从那天去体育用品店持续到足球场上的练习和比赛。

当我看着萝瑞尔到处跑时——像运动的足球一样欢快地大声尖叫，这让我想到很多孩子需要更多的时间让自己的身体适应。突然萝瑞尔展现出了一种以前我从未见过的放松和敏捷，等待是值得的。

超级积极的孩子和重大的责任

当有些孩子还在慢慢摸索自己准备学习什么时，有些孩子已经带着巨大的主动性和天赋跳出了大门。当你面对着这样一种可能性时，你的孩子是下一个小提琴天才或体操明星时你该怎样维持你的父母之道呢？

让孩子成为自己内心的"主人"

让孩子发现自我，而不是让他们参与各种紧张的活动，最好的一点是他们可能会发现那些你从未察觉的热情和天赋。

我培养萝瑞尔的倾向是把选择都"扔到墙上，看看哪一个能够粘住"。在她还没有被体育吸引之前，她很早就清晰地表现出对自己动手做事情的注意力和兴趣——她可以一坐几个小时，做手工或精心地给蛋糕撒糖以及装饰蛋糕。

我打算用同样的方法培养维尔莉特。尽管她只是一个刚刚学步的宝宝，有一些迹象已经表明她天性大胆无畏（比如：她非常喜欢到处跑，而萝瑞尔就不是这样子的）。我很好奇这种天性伴随着她的成长是否会变，或者我们会发现一些完全不同的东西"粘在墙上"。

如果你的孩子表现出惊人的天赋和主动性，那就让他努力争取，在为你和你的家人考虑的限度内尽可能地支持他。父母应鼓励孩子致力于自己的爱好，这些爱好需要耗费大量的时间和精力，这对孩子的成长非常重要。然而，我们仍然建议你留心那些会取代孩子进行自我判断的诱惑。

对孩子兴趣要正确地认识

当你看到孩子对某些事情表现出天赋或兴趣时，自然会想到培养孩子的兴趣。但是有些时候，你可能会发现你催促地越来越多，想让你的孩子成为最优秀的，获得"天才"的头衔。

你的孩子也许表现非常普通，并不想深入学习，这取决于孩子的个性。或者他会继续学习一段时间，但是后来却觉得厌恶反感。或者他最后会说："够了！我不学了。"

把孩子从那些看上去闪光的机会中拉回来是很难做到的事情。掌握任何事情都包含乐趣和挑战两方面，有时候帮助孩子度过艰难时刻是很明智的。但是你必须记住不仅要听自己内心的呼声，而且也要听听孩子内心的声音。如果你发现你是那个驾驶着车辆驶向悬崖的人，是时候刹车了。

当孩子需要督促时，你要意识到

你把你的孩子带向无数的课程和练习中，也把金钱投入其中。她看上去确实很擅长她在学习的东西（不管是什么）。看上去，真的擅长。但是现在突然她不想学了。明白什么时候鼓励你的孩子坚持下去，解决困难；什么时候该放手，是非常棘手的问题。

父母意识到孩子有时候会尝试新鲜事物一段时间之后就简单地决定放弃是非常重要的。我们也有自己的爱好或项目，有时候试过之后就决定放弃了，孩子也有做这种决定的空间。另一方面，有时候孩子可能会遇到障碍，在他们看来这些障碍就是难以逾越的，但是你知道只要障碍消除了就等同于给孩子的兴趣注入了新生命。每种情况之间存在细微差别，但是总的来说，我们推荐你反思自己为什么想让孩子坚持参与有争议的活动，并且深入了解孩子想放弃的原因。

在三年级的时候因为学校的公共项目我开始学小提琴。我的父母能够为我租用一架小提琴，却不能支付私人辅导课程的费用。我的妈妈是激励因素：她非常喜欢小提琴，她还有一架在卫校时购买的全尺寸的小提琴，但是她从来没有机会学（由于她卫校毕业后不久就和我爸爸结婚了，之后有了很多孩子）。我很高兴最后我能够参加课外活动所以我迫不及待地同意学习小提琴。

当我每周带着小提琴去学校时，我都感到非常自豪，我还表现出一些天生的音乐才能。然而，当我发现我不能迅速提高时我也很沮丧。我现在知道这是我的个性原因——当我开始某件事情时，我希望从开始到精通都是以很快的速度进行的。每周在学校的一节课程并不能让我迅速进步。

在五年级末的时候我告诉妈妈我想放弃。我们为此大吵了一架，真的是大吵一架。对我来说有两个问题：不能迅速进步的问题和我的所有朋友都打算在六年级的时候参加合唱团。我非常想成为他们中的一员。

尽管那并不是一次最细致入微或放松的谈话，结果是我妈妈拒绝我放弃学小提琴。她告诉我说仅仅因为我的朋友而改变音乐路程是很愚蠢的做法，但是她会想办法让我学习更多的课程帮我解决进步速度问题。我还是很生气，因为她还逼我继续学小提琴，但是最终我接受了。

我不知道她是怎么做到的，在我六年级开始的时候妈妈有钱让我上每周一次的私人辅导课了。在音乐道路上我落后于我的一些同龄人，但是我进步很快。我开始在管弦乐队试演并参加一些竞赛。我很喜欢这些事情。我在学校的管弦乐队独奏，在大学期间我举办过完美的小提琴独奏会。在研究生期间我继续在一支半专业性的管弦乐队演奏。

我现在不再弹奏小提琴了，但是我曾说过很多次我非常感谢我的母亲当年没有让我放弃。她看到我身上我所不知的才能，并帮助我解决在发掘潜能的路上遇到的问题。

设定活动底线

如果你的孩子想要一张完整的舞蹈卡，要记住这些活动会影响到其他兄弟姐妹、朋友、你的另一半和你。作为家庭支出的掌控者、汽车的驾驶人等，你拥有否决权。一个孩子的校外活动规划必须适用于整个家庭。

你的孩子有一生的时间去探寻、体验；他不需要现在就探寻所有的可能性。

为了保障整个家庭生活延迟某些特定的活动是可以的，因为来年还有机会。但是如果来年没有，还有其他的事情可以做。同时，你的孩子还会学会变通，会意识到他的行为和活动会影响到其他人。

🌷 关于课外活动的后勤问题

一旦你为孩子和自己确定了课外活动，有很多方法可以让它与你的日程结合得更加有效紧密。

把附近的那些在放学之后就开始的活动放在首位

参加附近那些放学之后就开始的活动将是一种最大的胜利（最好的是那些放学铃响之后在操场上就开始的活动）。学校学习和活动之间的过渡时间越长，尤其是当它还牵涉到在家中的时间时，孩子越可能失去精力和活力。

把一周的课外活动分散开

如果你的孩子每周有多于一项的校外活动，为了留有开放的时间和自己的休息要试着把这些活动分散在整个星期内（例如，周一、周三、周五）。是的，这意味着你的孩子也许不能自己选择活动时间，但是这也没问题（这是学会变通的另一个机会）。

报名并与一个朋友轮流驾车

对很多孩子来说和朋友一起参加活动可以减少焦虑、增加友情和乐趣。对你来说额外福利是车辆驾乘，与一位父母交换驾车，这样，你既可以参加观察又可以从中获取一点额外的自由时间。

在附近的地方办琐事

很多课堂和课程仅仅把你当成一个观察者，没有规定说你必须时时刻刻盯着课堂。在附近的地方迅速地办好一些琐事，允许自己打一两个电话，或者用这段时间读书或者做一些填字游戏。

雇一个保姆

如果校外活动的时间和你下班时间冲突，你也许可以从当地雇一个保姆接孩子放学，在课外活动和家之间往返。

允许孩子休息一天

你的孩子肯定会有疲劳、饥饿、脾气不好或太忙的时候。预先想好孩子时不时地"翘课"是可以的。履行承诺当然是非常重要的事情，但是尊重休息的（你的或者孩子的）需要也很重要。

娜塔莉通过网站的留言：我非常频繁地给我的女儿报名她喜欢的活动，但是之后她却拒绝参加。我不明白为什么，经过讨论之后我发现其实她就是不想去而已。如果强迫她参加，她就会心烦、哭闹，但是毫无理由地"翘课"这事儿却又讲不通。花了这么多钱报名各种活动，该去的时候她又不去，真是令人头疼！

我的解决办法是每隔一段时间就给她"自己的一天"。在这段时间里，她可以随便"翘课"，没有人会问缘由，但是接下来她必须参加剩余的课程。这种方法非常有效！甚至大部分时间里她都没有用过"自己的一天"。我想给她一些控制局面的权利，情形就完全不同了。

特别的暑期考量

很多家长过分重视预先暑期安排（有时候在寒假结束之后就开始安排了）。如果夏令营满了呢？如果因为某种困难我们整个暑假什么也不能做呢？如果孩子把在学校里学的都忘光了呢？

如果你的工作是全职，提前规划好暑期是个好主意，这样就不用担心没有办法制定一个"完美"的暑期计划了。但是计划赶不上变化，要相信总会有足够的项目可以充实暑假的，哪怕是请一个保姆或者是安排一个额外的玩耍约会。你花费了很多时间计划暑期，到最后却不得不改变计划，你看着几百美元被浪费掉，这是最令人沮丧的事情。

萝瑞尔在上小学以前一直是放在全日制的日托中心的（一周三天），所以当我们面对公共学校的"日历"时——更短时间的仅仅几周的学年假期和长达数月的暑假，我承认我有一点崩溃。所以在幼儿园结束之前我就花了好几周的时间寻找夏令营，我承认我这么做是因为我自己的日程安排，而且我也没有在她的日程上咨询她的意见。

当学年逐渐平稳下来之后，萝瑞尔经过了一场难以想象的过渡时期，她不适应上学和放学的接送。她的这种适应困难在夏令营中也持续了两周，送她去夏令营非常困难。而且，送她去夏令营带来的焦虑也影响到了一天的其他剩余时间（例如，想到第二天要去夏令营就不想睡觉）。

这两周的夏令营时间是我一生中最长的两周。最后，当夏令营剩余的两周被取消时我非常高兴（最初是一个为期四周的夏令营）。我们问萝瑞尔她想做点什么时，她坚定地说"待在家里，哪儿也不去"。

所以，我取消了（也浪费了一些钱）我们预定的在另一处的夏令营，并且雇了一个保姆。萝瑞尔异常高兴，家里轻松的节奏给了她时间缓解过去几个月里在幼儿园和夏令营所受到的压力。她上一年级的时候就像是旋转了一个神奇的按钮一般。在去学校的第一天我自己是非常紧张的，但是担心的事却没有发生。萝瑞尔和其他孩子一样，看上去有一点紧张。她向我挥了挥手，笑了一下，然后就和同学一起出发了。她很好，而我却哭了。

暑假是一个教育孩子自食其力或参加社区建设的好时机。帮助孩子建一个柠檬汁小摊位，大一点的孩子就帮他们寻找做志愿者的机会或暑期工作机会。无疑这些工作和社区活动对孩子来说是最充实的，即便（尤其如果）这些工作并不总是那么简单（更多教孩子财务管理技巧的建议请阅读第六章）。

当精心选择时，课外活动可以成为孩子教育中精彩的一部分，你要记住课外活动是可选择的。

11 现实生活的膳食计划

食物是育儿的基础。我们都需要吃饭，我们也应该享用食物。但是家庭膳食的标准最近几年提高了不少，要担心孩子的健康问题，要考虑肥胖和营养，家庭膳食越来越重要，媒体上经常出现完美的食物图片。准备营养均衡的饭菜需要花费很多时间，所以喂饱家人最后会成为工作单上的一项任务。

选择、购买、准备和享用食物是家庭生活的中心，为身体提供营养是最重要的事情。用餐时间应该非常愉悦，也应该成为家庭系统的一部分。让整个过程流畅起来，让预期变得合理，注入一些乐趣，做饭就会变得更有趣，你也可以和家人一起享用美食。

🌱 用极简之心供养你的家庭

我们喜欢食物。我的意思是我们真的热衷于饮食，但是我们都不能避免把做饭这件事变成一种家务。有时候我们觉得力不从心就不足为怪了，有时候看起来一个人似乎应该需要一个营养学学位来适应那些一直在变的标准，还需要在厨艺学校学习一年，这样每周就可以做五种美味佳肴了，但是这种期望并不符合现实。

即便不依照营养学和烹饪，你也可以吃得很好，和家人共享每餐并且也能够坚持一种合理的日常开支。

你对食物感觉怎么样

在你指定下周的膳食计划之前，花几分钟来看一下自己对食物和做饭的感觉吧，因为它们会引导你的计划制定过程。问问自己：

· 你喜欢做饭还是喜欢"装配加热"或者是喜欢外卖

· 你喜欢吃饭吗，还是仅仅喜欢随处可得的可以填饱肚子而且相对有营养的食物呢

· 你认为去食品杂货店购物是一种乐趣还是一件厌恶的事情呢

· 有你更喜欢做的饭菜吗

· 你喜欢提前计划每餐还是更喜欢用现成的东西激发自己的烹饪灵感呢

· 你的另一半对这些问题的看法如何

上述问题并没有错误答案。如果烹饪可以让你放松，能够给你带来乐趣，这很好。如果食物不是你的"菜"，也不要觉得愧疚——除了自己泡在厨房之外，还有其他很多方法能够让家人吃得很好。知道并接受自己的底线是开始的第一步。

你家的情况是什么

让我们踏踏实实好好想一想。你和家人怎样看待晚餐时间呢？每天下午五点半从托儿所把孩子接回家的双职工父母和专门在家带三个四岁以下的孩子的家长的需求是不一样的。

关于家庭情况问问自己以下问题：

· 每天你和你的另一半什么时候回家？你是需要匆匆做晚餐还是家中有人在早上的时候就准备好了呢？你们中的一个会经常在晚餐时间之后才到家吗

· 你吃饭的时候你的孩子需要多大帮助？你需要给小孩子摆放好高脚椅和食物吗？还是孩子能够自己吃华夫饼、自己倒牛奶呢

· 校外活动怎么样？晚餐前的时间孩子们要在各种实践活动和课程之间穿梭吗？晚餐时间孩子能在家吗

每个家庭的答案各不相同。或许你会发现你的答案会让你重新考虑家庭的某些工作日程和课外活动安排，也许不是这样的。如果你对自己的日程安排很满意，总有方法可以协调日程表和家人饮食问题。

当然，一家人坐在一起吃晚餐是很美好的事，而且我们还把它看做是一个重要的"接触点"。但是即便是为了家人关系更加融洽和孩子的健康成长，它也是一件每天要做的事。

在我的家中，校外活动从来就很少，因为我的丈夫和孩子们在学校、工作和其他活动之间需要很多松散的"恢复"时间。幸运的是我和丈夫基本都在家中工作，所以上下班不会影响我们的用餐时间，我们几乎每晚都能够坐在一起吃饭。但是我知道其他家庭需要在孩子、工作和体育活动之间力求平衡，晚餐对于这些家庭来说就像带有旋转门的自助餐。虽然晚餐需要计划，但是他们却把它做得非常漂亮——当晚饭还在微波炉或慢炖锅中加热时，孩子们来来回回，和那晚负责做饭的丈夫或妻子共享晚餐。他们每周日晚上会有家庭大餐，而且是"晚饭前的早餐"。他们安排家庭晚餐时间加强家人沟通，这个时间也符合家庭的节奏。

计划怎么样让家人吃得更好

你对食物的感觉怎么样，对家人的饮食偏好总体情况了解多少，为了让每一个人都能够吃得很好，你可以制定一个最简计划。

膳食计划：保持简单

当你毫无计划地去食品杂货店时，你花了一个小时的时间挑选，回到家中还会觉得自己没有购买什么可吃的东西。不知怎么你买的燕麦卷、苹果、西兰花和牛奶根本就不能作为一餐！

膳食计划只需花费几分钟，但是每周却能够省下几小时（和很多压力）。即便如此，这也很容易半途而废。一种好的开始方法是在你去食品杂货店之前就做好一周的膳食计划。即便你喜欢购买和烹饪一些应季的食物，一个计划梗概也可以为你节省不少时间和精力。在一张纸上（阿萨用的是购物清单的反面）写下你的用餐想法或者插入到日历中。

从阅读自己的日程表开始

在你家哪天是最忙的？可以计划在这些最忙碌的晚上吃剩饭、炖菜或超级简单的饭菜（甚至是早餐当做晚餐）。

简单的饭菜

没有必要做复杂的主菜、配菜和自制小点心。简单的食物——速食意大利面、简单调制的烤肉和炒菜，非常便于准备，花费也少，也受人喜欢。佐餐食物可以简单至切片蔬菜和水果、一碗芦笋或蒸米饭。可以想几个可以基于食物储藏室或冷冻食品的饭菜，这样做饭的材料就是随手可得的了。

让你的家人也参与膳食计划的制订

为了增加人们会享用（喜欢）做好的饭菜的可能性，也许更重要的是分担膳食计划责任，让每个人都参与其中。调查家人的用餐想法。这种方法的好处是可以轮流烹饪大家都喜欢的饭菜，而不是一成不变。

让整个家庭都了解膳食计划

把建议写在易被看到的地方。克里斯汀喜欢用厨房里的粘合黑板，但是写在信封的背面也可以，然后把信封粘在冰箱上或用大头钉钉在软木板上。

接受重复

一旦你找到家人都喜欢的饭菜，重复做吧！很多家庭多少喜欢一点点可预见性。你甚至可以考虑老式的却很有帮助的每日用餐方法（星期一：意大利面，星期二：鸡肉……）。你甚至可以重复整周的用餐计划。

当在写这本书时，我决定我需要大量减少用在每周用餐计划上的时间和创造力。我想出一个简单的菜单，每周都重复这个菜单，包括每周一次的烤鸡。这个计划还包括邻里用餐互换：我的邻居们和我轮流负责在周一购买鸡肉、沙拉和面包的工作，并把这些食物分送到每家每户中。孩子们对某些饭菜的反应很平淡，但是我们讨论了关于平衡我简化计划的需要和他们每晚想要吃到最喜欢的食物的需要。尽管他们并没有特别兴奋，但是最终他们理解了这种折中方法。

不要忘记午餐

不管是对你还是孩子，不要忘记计划午餐的一些选择并且保证你把这些选择加到了食品杂货清单上。我们在下一章中将会最小化午餐时间（包括在家中和在学校的打包午餐）。

在你的清单上增加额外的水果和蔬菜

我们都喜欢吃更多的水果和蔬菜。即便没有什么特定的目的，也可以增加一些水果作为零食或作为剩饭的额外补充。如果你担心吃不完，那么考虑买一些质量好的冷冻蔬菜。

计划加倍饭菜

某些特定的饭菜，诸如砂锅菜、汤、炖菜和烤蔬菜，值得加倍。准备并不复杂，结果却是一份特别的饭菜！把那些留作下几顿饭菜的或留作一周里未来几餐的剩余食物冷藏起来。

得到帮助：膳食计划服务

如果膳食计划让你觉得紧张，有许多极好的、价格公道的服务机构可以帮你，诸如，六点钟争夺（网站名）和美味（网站名），制作膳食计划。他们制作计划、购物清单和食谱，你需要做的就是购买和烹饪。大多数服务都很灵活，能够满足不同的饮食要求和饮食偏好。

如果你仍犹豫不决，还在思考的话，担心"没有办法让我挑食的孩子喜欢它"，但是要考虑一下这也许是让你的家人接受新食物的好办法。

我的孩子非常易于接受服务机构所制定的饭菜，因为它们"是计划好的"而不是我想象的营养方式或厨房奇想。不管怎么说有一个中立的第三方（计划！）发号施令改变了整个局面。

简化食品购买

既然你有了菜单计划，是时候去商店了。有一些事情你应该记在心里：

一旦你接受膳食计划，你的食品购物清单就很容易形成。你可以每周列一份新的清单，可以自己随意增加原料和物资，也可以整周都在已经预先印好的清单上做记号。张贴打印的清单的好处？当家人有需要时他们就可以在上面增加事项。

我在冰箱上贴了一张清单，鼓励大家在上面增加事项。然后我就只购买那些列出的食品。这不仅能够让食品支出处在控制之中，而且也鼓励我的孩子在他们真的需要某些东西时使用清单。长此以往，这也能为他们将来搬出去之后做自己的食品购物清单做准备。

如果技术能够帮你简化，那么就利用它

有些人喜欢手写的清单，有些人喜欢智能手机应用程序。

麦迪通过育儿博客说道：我用食品IQ，一种免费的食品购物应用软件，能够不时地提供优惠券，还能够跟踪我的食品购物清单。我和我的男朋友共享账号，他也可以查看由商店自动分类的最新清单，再也没有超市给我们打电话问我们是否需要某种商品了。在印象笔记中我还有食谱存档（我开始觉得这件事大同小异：我的奶奶有食谱卡，而我有安卓应用程序。）。我直接与食谱连接起来，然后把它们分类，当我列食品购物清单的时候我可以参考查询。坚持使用这样的清单把我们的食品支出降到了一个非常合理的水平（即便我们生活在纽约）。

争取每周购物一次

膳食计划可以帮你减少你在食品购物上的总时间，因为你已经有一个准确的清单列出了你一周需要购买的食物。考虑一下可以在包括家居用品的一体化食品杂货超市购物。记住：你的时间是无价的，就某些食物妥协可以节省一次购物路程的时间，这是值得的。

知道你要去的商店并把购物时间间隔开

如果一家商店不能满足你家的食物或开支要求，把去不同的超市购买食品分散在几天之内。这样你就可以在另一家超市买到你之前不小心忘记买的任何东西了。

考虑"追加"食品购物

你能否在零碎时间去某家食品杂货店呢？例如，你的孩子练习踢足球的时间？菜单计划和食品购物清单在手，二十分钟之内完成购买绰绰有余。

研究既简单又健康的食品

在你的烹饪中增加一些现成的健康食品。近年来冷藏蔬菜越来越好，不像新鲜蔬菜，它们不会在你的冰箱保险格内皱缩，也不用清洗切碎，而且，冷藏蔬菜和水果是在最新鲜的时候被冷冻起来的，它们尝起来味道好极了。预先做好的蔬菜沙拉、鹰嘴豆泥和蘸料可以把一碗米饭、豆角或切片蔬菜变成主食或配菜。当地的自然食品杂货店每周出售一次有机烤鸡，如果自己购买有机鸡，价格是一样的，但是需要自己烹饪。

对大宗采购说"可以"

便利食品是很好的，但是它们真的值那个价吗？许多大宗食品如干豆和谷物，看起来像是需要很多的蒸煮工作，实际上却非常适合每周的计划，尤其是当你用冰箱储藏它们的时候。煮一锅豆子需要很多时间，但是准备工作却很少，煮的时候你也不用怎么关照它，做好的豆子可以冷冻起来方便以后使用，对于诸如糙米等谷物同样的做法也适用。

小贴士

如果你对大众购物的定义包括一罐来自仓储式超市的3600克的蛋黄酱，你最好考虑一下为了把它放在冰箱里而不得不重新收拾冰箱所付出的精神"成本"，想办法尽快将其吃完，清洗空罐子以备重复使用。

外包食品购物甚至外包食物准备工作

如果食品购物是你最不喜欢做的事情之一，不要介意让别人帮你采购，选择一家网上食品购物服务机构。许多商店也提供网上订购，所以你可以提前选择你要购买的食品。

带孩子一起购物

　　带孩子去食品杂货店购物是一件利弊皆备的事。花费的时间会更长。孩子会为了买垃圾食品大吵大闹，那会是一场灾难。还要追着孩子到处跑。但是带孩子一起购物是一个教孩子关于营养、金钱和独立的好机会，还可以共度时光，甚至会是一段快乐的时光。下面是几个保证你购物顺利的小建议。

　　在某个时候我决定改变我对食品购物的看法，并且决定把它看做和可以和孩子们一起进行的一项快乐的活动。当我和婉琳特一起购物时，我把我的食品购物过程看做是一个把她带出家门、向她展示新鲜事物的机会（如果我只需要购买几件东西，我就会背着我自己的东西推着慢跑童车跑）。当我和劳罗单独在一起的时候，我把这段时间用来交流。我们聊天，她是我的小帮手，我们喜欢做一些小测验，通常我会奖励她（令人惊奇的是，她并不总是采纳我的观点）。我知道很多父母怀疑这其中的乐趣，但是每次我们确实都很开心。

　　在一个下雨的周末下午，孩子们和我都有点烦躁，所以我建议我们一起去购买食品。劳罗最初反对，因为她不想脱掉自己的睡衣睡裤，但是最后我们还是出了家门（我告诉她她可以穿着自己的睡衣裤去商店，她觉得这样子很了不起）。

我们最后都很开心。这是婉琳特第一次去商店，她坐在购物车里，劳罗开心地推着她，向她介绍商店里的东西。这段时光特别美好，我们把一项无趣的杂事做得很有趣。劳罗跟我说："妈妈，以后去食品杂货店要问问我去不去，我知道我通常都说不去，但是那是因为我不知道它有多有趣。"

让大一点的孩子做帮手

孩子们喜欢有一点控制权。让你的孩子负责核对食品购物清单上的项目、提水果（如果他们选择做一两件其他的事情也是可以的），打开花生酱机或磨咖啡器，或当你在超市寻找要购买的食物时让他们帮你，把小事情变成游戏能够让他们避开无聊和诱惑。

鼓励他们挑选一些新鲜食品

在农产品区的时候可以问问你的孩子他们想不想品尝什么新鲜的蔬菜或水果。赋予你的孩子自主选择的权利可以让他们在吃到自己所选的食物时感到兴奋。

迅速走过垃圾食品区

严肃一点，你就不用浪费口水说好话给孩子听了。很多商店甚至设有"家庭友好"结算通道，这里几乎没有画报和糖果罐子。

不要让偶尔的尴尬阻止你

公共生活中的尴尬确实令人抓狂，但是就像生活中任何其他事情一样，它们发生过一次不代表它们会一直存在。让孩子在"食品购物礼节"的期望中长大，他们最终必然学会排队。孩子所学到的东西和所花费的时间值得你排队等待。

当地资源

报名社区支持农业共享、访问农民市场或者打理花园在某种程度上看起来需要更多的工作，但是这样的选择在其他方面却是对你的新的极简膳食计划的支持。关键是找到一种适合你的而非由于愧疚感的方式利用当地的资源。

两年来我们致力于社区支持农业共享工作。我喜欢种类繁多的农产品，挑选产品的时候也是一个向劳雷尔讲述食物循环过程的好机会。它还能够鼓励她吃更多的蔬菜，然而，购买的时间和地点对我们来说不太方便，尤其是我们家只有一台车。这让社区支持农业从一个我们喜欢的伙伴变成了一件我们憎恶的杂事。

我意识到对于社区支持农业我带有愧疚感和"应该"情绪，而我解决这个问题的简单方法就是以不同的方式继续购买当地食品，不管是在食品杂货店购买光顾当地农产品区（这里几乎都是当地农产品）还是在我家附近每周出现一次的自由集市上购买。

斯特凡说：利用社区支持农业产品的关键是你当天就处理好购买的产品。这意味着每次购买之后我都要花费大约一小时洗菜、脱水、烤或煮用蔬菜、把芹菜和胡萝卜切成条状或块状以备这周午餐食用。当然直接购买已经烤好的甜菜，然后做成沙拉（或用鸡肉和红薯做婴儿食品），或在已经洗好的菠菜里加点橄榄油和烤蒜会简单很多。购买之后立刻花些时间整理会省去你一周之后用在扔掉没用的农产品的时间。

食物可以变得简单、营养、有趣。调整你和家人的饮食习惯，制定日程表和膳食计划，并采用一些小策略简化食品购物会对你最小化用餐时间大有帮助。现在是时候准备饭菜享用了！

12 化繁为简，快乐用餐

　　一家人围坐在精心布置的桌子旁共进晚餐的画面就如诺曼　洛克威尔的画那样温馨、甜美。多么可爱的画面啊，全家人坐在一起享用饱含营养的大餐。即使生活时尚杂志还有各种烹饪秀节目都在极力让你相信这种生活是可能的，但每天都过上这样舒服的日子还是不太容易的。

　　通过简化准备用餐的过程还有放弃那些花哨的展示来降低你的用餐期望值。把真正的中心拉回来：进餐期间一家人的交流和沟通。如此，即使全家人每晚都能坐在一起用餐是不太现实的，那又怎样呢？也一样可以很好呀。因为把用餐看做是快乐的源泉而不是伤悲，才是最关键的。

用餐准备简单化

饭菜越简单，准备的过程也就越简易。这里的几点建议，可帮你加快做饭的速度。

把原料准备过程隔离出来

周日一天，忙于工作、学校、作业以及课外活动等事情，很少会有时间去考虑食物的准备问题。你可以根据拟定好的菜单，周末先准备好一些材料，这样下一周的饭菜做起来就方便多了。切好蔬菜、备好肉片还有各种调味品。甚至你还可以把菜直接做好然后冷藏，这样整个星期就都可以随时享用饭菜啦。

周末，我喜欢把各种切好的菜准备满满一盆。这样吃快餐更加简洁方便，而且把沙拉和蔬菜放在一起做成比萨、油炸玉米粉饼还有其他食品也十分快捷。

周末把大多饭菜都做好

如果你的时间不够充裕，而你要做的菜肴还需要长时间的准备和烹饪，那么就周末再做吧。

听取别人的反馈，但不要成为快餐厨师

父母准备的饭菜孩子们不喜欢，这对父母造成很大压力。如果你已经拟定好了菜单，那就坚定地去做。你的任务就是做出一顿有营养的饭菜来，而不是在勉强孩子的喉咙或者是让人忍受着难以下咽的食

物，或者在那里机械地咀嚼着。还有，不要做一名快餐厨师，这样，如果孩子们真的想吃其他东西就得学着自己去做。

秀色可餐的食物

一顿饭，倘若色彩丰富，那将令人垂涎。一盘菜肴加以蜜豆、胡萝卜条还有小番茄做点缀，包括五颜六色的水果来摆盘，吃到胃里，一定仍觉得唇齿留香。

想办法在爱吃的食物里增加营养

不必担心你的家人在他们爱吃的饭菜里摄取的营养成分不够高。我们建议你不要在巧克力糕饼里"隐藏"蔬菜，你可以在那些爱吃的食物中用简单的方法去增加营养，健康进食。比如：克里斯汀就是在她的卤汁面条里加了一大半块豆腐来增加蛋白质含量的（太完美了，因为劳罗是个素食者）。

米歇尔·斯特恩说：对于意大利面食，我常常加一些用鹰嘴豆豆面粉做成的意大利苏打，然后再吃富含蛋白质的面条来补充营养。

清理冰箱

拟定菜单还有制作清单都能减少食物浪费。但不可避免的是，在一周之内你的冰箱会被零零散散的东西填满。所以要留意那些汤、卷肉玉米饼还有各种炒菜。

我的朋友安和迈克尔在伦敦居住，她们给我介绍一个"管家的沙拉"，很显然，指的就是食品储藏室（或者是冰箱）里零星的东西上的沙拉。我喜欢做管家的沙拉，因为这样可以多吃绿色食品还能将剩余物（比如：剩下的小胡萝卜包还有那最后四分之一的黄瓜等等）利用起来。准备好一把莴苣还有生鲜的蔬菜之后，我又加了些富含营养的东西例如坚果、吃剩的牛排、鸡肉、硬蛋还有（冷却后做出的）沙拉三明治。然后悉心加以装饰或者加点橄榄油和香醋，再撒点粗盐粒，最后再在上面放点胡椒，这样就做完了。我午餐和晚餐都吃这些沙拉，有时还会连续几天一直吃。我还用这种方法做过藜麦沙拉还有糙米沙拉呢。

简化烹饪

　　有一到两种方法能够让你的做饭时间以及贮藏室空间够用、够合理化。自从有了电饭锅和慢炖锅，忙碌的周末夜晚就顺利多了。而一套贮藏箱也可以让剩余物更新鲜更开胃（并且减少了食品储藏室的杂乱）。使用保鲜袋贮藏或者用铝箔储藏食物都能让冷藏的食材甚至剩饭菜保存起来更方便。尝试选择买些新厨具来简化烹饪甚至厨房的清扫工作吧。

备餐，全家总动员

　　如果你的另一半或者孩子负责每周准备一顿或几顿饭菜，那会怎样呢？想想那样得多有趣、多强化生活技巧啊！好吧，也许刚开始，这份快乐大多数都只属于你，但它是可以交流的，尤其是如果这顿饭既简单又流行（比如：意大利面、沙拉还有蒜蓉面包）。关于全家齐动手，以下几点建议供你参考：

不苛求完美

吸引孩子们进厨房，很大一部分原因是能让他们放手去做、不苛求他们做得完美，切碎的蔬菜不需要再统一管理。倘若孩子们想要把面团塑造成奇形怪状，又何乐而不为呢？当你放手让孩子去掌管（合情合理）一件事的时候，你会惊讶于他们的专注，并且他们还能推进事情的发展、改善结果。

分配适龄的任务

显然，年龄决定了孩子可以做多少事情，但当你学步的孩子能够听从简单的指令时，他会喜欢上用碗去倒做饭的材料。其他的孩子们可以负责称量和混合（例如：比萨）、还有帮忙收集佐料。

充分保障孩子的安全

你需要监督厨房里的一切工作，尤其是孩子使用刀或者开火炉的时候。经常提醒她要注意安全，慢慢她就会掌握了。

鼓励孩子按自己的想法做

当你的孩子对厨房里的操作越来越自信时，鼓励他全权自治管理吧。这样他可能会取得惊人的进步。

我喜欢烹饪和烘烤，所以我很早就把劳罗带进了厨房。她还在学步阶段就很喜欢用碗倒东西还有混合食材。在她学龄前时，她开始帮忙称量和收集佐料。等她五岁时，就开始用塑料刀切一些软性食物。六岁，她已经可以熟练运用（她每次用刀我们都会反复叮嘱和监督）削皮刀。七岁后，她自己做一块令人印象深刻的结了霜的巧克力蛋糕了。

我发现劳罗之所以对烹饪一直兴奋和专注，是因为我放手让她做，并且鼓励她按照自己想的去做。我告诉她不要担心切出来的蔬菜不是美丽工整的方块状（虽然我对她说过越小块的东西熟得越快）。还让她随意设计感恩节苹果派上的面团。我鼓励她按照自己的想法去点缀装扮比萨饼，各种蔬菜、条形布或者其他别的东西都可以。

一天下午劳罗（那时她才五岁）叫住正在做晚饭的我，说："妈妈，去沙发那里坐着歇息吧，我来做晚饭。"当时我已经计划好要做豆腐菜花汤的，她说她会完成它。额外还有三明治。

我来切硬的难切的东西（洋葱、土豆），她就用那把Zyliss小刀来切豆腐、蘑菇还有西葫芦。我帮她打开火炉（这时她已经知道了加热食物的基本知识）之后她去做了其他的工作，在"可爱的斑点锅"里撒些橄榄油再加些佐料。我呢，就在沙发上休息看报纸，再随时留神一下她。

当她完成所有工序后，劳罗和我一起摆桌子，之后劳罗、乔恩还有我一家人坐在一起共进晚餐。我相信劳罗做的汤还有三明治一定特别好吃。

尝试建立家庭蔬菜园

无论你拥有的是种了各类蔬菜的大场地还是仅仅一块种植的小区域甚至是餐桌上限制生长的一壶草药或者一碗生菜，能在园子里和孩子们一起工作或者一起玩是非常有趣和有教育意义的。并且，在孩子们参与种植和帮助蔬菜生长的过程中，他们会更喜欢生产创造。

把欢乐带到餐桌

吃饭时间到了！完成了简化购物和烹饪的计划工作后，你拥有了更多的精力和精神与家人一起享用晚餐。当你坐在桌旁时，应得到基本肯定以外更多的赞赏：应得的欣赏、和家人待在一起的时间还有出色的工作满足感。

限制吃点心时间

没有什么比提供食物给根本不饿的人更让人感到沮丧的了。所以，起码要在晚饭前一小时就要结束品尝点心的时间。

摆放一张易清理的桌子

现在是时候忘记杂志上刊登的标准周末晚餐的桌子是什么样子了。盘子、餐巾纸、各种餐具还有杯具，这些才是你需要的。那些讲究的餐垫和装饰品还是留给周末和客人们享受吧。也就是说，如果你喜欢装扮桌子，那么就简单地装扮些花儿或者从园子里挑选的绿色植物即可，还有那置于高处的玻璃瓶也能产生奇特的效果。

如果你的孩子们已经长大了，那么装扮餐桌就是委派给他们的最理想的任务了。阿萨的孩子们就是在完成作业后负责装扮餐桌的，并且还要在餐前的自由时间开始前结束这个任务。

满怀感谢的就餐

忙了一天的工作或者学习后，人的疲劳和饥饿感都处在心理过渡期，容易产生一种不想进食的感觉。这样，慢化用餐然后餐前表达一下感谢之情就显得很有价值了，无论感谢的是什么，食物也好，做饭方式也罢，或者是其他的方面。总之，用餐气氛的改善不像中间休息的加油站却更像是一场能有效改变情绪和步调的仪式。

用餐时尽量减少起身走动

用餐的时候，不断地从桌旁起身走动会引起躁动和不安。家庭的规则就是尽量减少起身走动除非很有必要去做，比如忘记了把什么东西端上桌，或者你可以稍等一会直到你回想起来好几件忘记的东西然后一起起身做完，这样可以减少失误。正如吃饭时候不忘表达一下感谢之情一样，这也是件小事情、小细节，但却非常有意义，因为这样有助于营造用餐的氛围。

家庭用餐新形式

鼓励每个人都分享一下自己一天里或喜、或悲的一些事。养成和家人敞开心扉、分享心得的习惯，有助于在一家人共进晚餐的时候建立一个安全而温馨的交流机会。

提升快乐指数

有很多方式能让家庭聚餐形式多样化。每个人讲个笑话、铺上毛毯然后在地上野餐，甚至调整就餐位置等，这些都可以改变进餐的气氛。

尊重他人的成果

一定有那么一两次，你做的饭不会让家人争先恐后的吃。那没什么，因为你不可能每次都做得符合每个人的胃口。但是你可以制定一个准则，吃饭时候发出呻吟声、转动眼睛还有抱怨都是不被允许的。一句简单不过的"谢谢"才是合适的回应。

礼节很重要

你可能会惊讶于重视礼节所能起到的作用。当你不再忙于阻止别人打嗝、吃饭发声还有打断他人的时候，就可以放松享用美食还有和家人畅谈了。随着孩子们的长大，做这件事情也更加简单，当然，要把这看成是一件长期的事情。

清扫工作，人人有责

阿萨发现，她大多的沮丧心情都来自于餐后的工作。她做完了饭还要收拾桌子，厨房里的清扫工作慢慢地成为了抱怨的主要来源，而且这种抱怨常常发生在晚上。只有全家一致同意，齐动手，这样孩子们才会明白每个人都应该在共进晚餐、分享快乐的同时承担打扫的责任。

简化早餐和午餐

本章中我们重点讲的是晚餐，因为它对做计划等工作很有作用。但人们每天还有两顿饭要吃，还要加上零食。值得高兴的是，这两餐更容易简化。

在家吃饭

在家吃饭应该简单又营养。而家里也是你鼓励孩子按自己想法做事的最佳场地，在这里日常事务、剩余物都可以简单处理，而且还有备货充足的大冰箱。

控制早餐和午餐的量

早餐和午餐这两顿饭可自由发挥。阿萨每天早晨都喝燕麦粥还有咖啡，孩子们就喝麦片粥。没有必要逼迫自己连早餐都做得和晚餐一样丰盛、多样。

鼓励孩子做自己喜欢吃的早、午餐

把做早餐还有午餐的器皿都放在孩子可以够到的地方，这样他们就可以做自己喜欢吃的东西了。同样如此，把牛奶还有食品室里以及冰箱里的其他东西也都放在那些地方。教孩子们如何做三明治、如何洗水果，然后把它们放在桌上的碗里，这样就可以随拿随走了。

充分利用剩饭菜

剩饭菜可以给人很多启发：或者你喜欢它们（阿萨经常突袭她朋友们的冰箱，看看有没有什么好的剩饭菜可以分享）或者不喜欢它们。如果你不热衷于那些剩余物，那么就想想怎样像准备新的一顿饭那样重新利用吧。把剩余食物炒一番然后拌上酱当做沙拉或者把它们调入煎蛋卷里吃。其他的零碎物品就可以把它们放在"管家的沙拉"里（详见前面章节里克里斯汀的描述）。

充分利用冰箱

薄煎饼、蛋奶烘饼、面包、芝士还有其他的一些有营养的食物都可以放在冰箱里保存。它们所需要的就是快速的烘烤或者溶解还有就是吃掉啦。

在学校吃饭

许多家长都很担心打包的午餐。而且有时候吃饭的压力得不到缓解（比如：假设你的孩子和劳罗一样不喜欢在学校食堂排队，因为午餐时间特别匆忙）。这里提供几点建议来帮你简化午餐流程：

降低期望值

再强调一下，午餐没必要搞得那么盛大和多样化。一顿饭，只要能把蛋白质、水果、蔬菜还有谷物外加水给均衡好了就可以了，但如果你一天之内无法把所有的营养全部满足，也没问题。那就平日在家里时，尽你所能去均衡孩子的营养吧。

了解孩子的想法

有时候，最困难的事是去了解打包午餐都打包些什么才好。午餐时间让孩子先做个小调查：看看其他孩子吃的什么东西看起来还不错。这就是阿萨如何发现她的孩子米拉也想要吃鸡蛋沙拉的方法。原来是米拉尝过了她朋友的三明治后也喜欢吃的。

提前准备午餐

当早晨一切做饭的准备都已就绪后，午餐的制作压力就少了许多。在周一和周三，克里斯汀就打包好了劳罗的水果和蔬菜包，还留出了两天的零食（例如：酸奶还有燕麦棒）。上学的早上，主菜一定要是新鲜的（比如：三明治、通心粉、奶酪还有汤等等），具体是什么就都依劳罗的心情而定了。

斯特凡说：我是在前一天的晚饭桌上打包好午餐的！在做晚饭的打扫工作之前，我要把剩下的东西装进饭盒里，作为第二天的午餐。

使用可多次利用的饭盒

使用可反复利用的饭盒可以帮助你的孩子学会自己准备午餐和清理饭盒的工作。阿萨给她的孩子打包午餐用的是小巧的、一次性塑料饭盒，孩子们放学后就把饭盒放进洗碗机里。

米歇尔·斯特恩：我们总是用可多次使用的容器或者带隔间的饭盒来带饭，这样，就能方便地往饭盒隔间里打包各种食品了：水果、蔬菜、易碎的零食还有一些富含蛋白质的东西。

亲力亲为

如果你真的十分讨厌为孩子装午餐，那就想办法让工作转移。周末时将午餐食材准备好，让孩子每天早上上学前装好自己的午饭。劳罗可以给自己准备午餐，我甚至还鼓励她时不时地为我们装好午餐。

🌱 零食策略

零食真的是一件让人头疼的事情。它们是孩子生活的一个十分重要的部分，但是也会让孩子养成不健康的饮食习惯，如"为乐趣而吃"。下面为家长们提供了一些建议，让孩子们的"零食时间"变得更加轻松、健康。

不要过分强调哪些食物不能吃

我们都希望孩子们吃的食物可以促进他们的健康成长。但是从长远角度来讲，如果家长们对一些食物产生紧张的反应，就会影响上述目标的实现。家长们应该为孩子提供健康的食物，同时鼓励适量用餐。通过降低对"垃圾食品"的紧张程度，孩子们的兴趣程度和好奇心也相应降低了。

从小到大，我们家里很少会有垃圾食品。不是因为父母的反对，而是觉得这是一种花销上的浪费。所以结果就是，我和兄弟姐妹们对垃圾食品疯狂着迷。我经常将午饭钱省下来买甜食，或者有时在去学校的路上，我会停在便利店门口将午饭钱全部用来买糖（不知什么时候我妈妈听说了这件事情，就告诉便利店的老板不要再卖我东西，太丢人了）。我还向大家承认，自从与糖果"隔离"后，有一段时间我还在当地的杂货店偷瑞典鱼软糖吃。现在，每当我想起这种软糖，我的胃（还有良心）就会觉得不舒服。

对女儿劳罗，我们尝试了很多不同的办法。食物到处都有，但是我们鼓励有节制地饮食，而不是一次吃够。我的两个孩子都爱吃糖，但是面对糖果，劳罗能做出这样一个判断：究竟是自己真的想吃，还是因为糖果就放在那里所以才吃。

让健康的食物"好拿"

如果孩子们将一些健康的食物当做零食，那家长们要想办法让这些食物像一包薯片那样容易拿在手里，比如小包装的切好的蔬菜和水果、乳酪条、酸奶、粗粮饼干和坚果。阿萨喜欢将坚果、薄脆饼干和椒盐脆饼干放在塑料杯里，这样孩子们就能很容易地拿在手里，对食物的分量也会更加清楚。

让零食分担孩子每天的营养需求

如果孩子们一日三餐都很排斥水果和蔬菜，那么在零食时间为孩子准备一盘吸引人的水果或蔬菜拼盘吧。孩子们在餐桌前和活动时喜欢吃的食物有很大区别。

周末我们总是起得比较晚，在早上和中午之间吃一顿早午餐，而在晚餐之前又不是很有胃口，这样在下午时，我们就会吃上一些小吃和零食。最近我为劳罗找到了一件很有趣的事情，这也能鼓励她更健康地饮食：我给她一个十二杯装的松饼托，告诉她里面可以装满十二种零食。芳罗将冰箱和碗橱全部仔细检查了一遍，将松饼托上装满了她切好的蔬菜和水果（例如，西瓜、草莓、蓝莓、胡萝卜、黄瓜、灯笼椒）和食物储藏室的食物（例如，全麦棒、干枣、小饼干、麦片）。这是一种十分有趣的小游戏，还能让孩子补充均衡的营养。

照顾孩子

如果家中有小孩，那么距离孩子们长大一些直到可以在厨房里帮忙并享受你精心设计的零食小游戏还有一段时间。即便这样，很多简化家庭用餐时间的方法还是适用的。所以，下面我们为大家提供了几种喂养婴幼儿的方法。

喂奶期

母乳还是奶粉？这取决于你自己。这个选择又让我们重新回到了本书的要点：认识你自己。采用适合自己的方法，不要因为和他人比较而让自己疲惫不堪。真的是这样，如果你一再地怀疑自己，自己在脑海中不停地重复这个想法，每位母亲都经历过这个过程，而每位母亲的情况和处境又是不同的、复杂的。然而，最终喂养孩子的还是你自己，是你在哺育你的孩子，为他或她提供营养。孩子的成长道路还有很长的路要走，而他或她的一日三餐由你全权负责。

朱勒·皮耶里通过微博说道：我远比自己想象的更喜欢母乳喂养我的三个儿子，其中，短的喂养了九个月，长的已经是十三个月了。

有趣的是，我不知道哪个是喂了九个月，哪个是十三个月的宝宝。这在当时的母乳喂养期是十分重要的，但是几年后，孩子们都长大了，这件事就微乎其微了，家庭的幸福就是每一位家庭成员的幸福，而这完全离不开你的存在和付出。

固体食物"冒险"

当你准备让孩子初次尝试固体食物时，可能会觉得既兴奋又有一点压力。下面几点请你记住：

按计划来，不要紧张

关于小孩子可以吃哪些固体食物总是有很多的指南书。通常来讲，大体原则都是一种新的食物尝试三天，三天过后再尝试下一种，以此来判断孩子是否对某种食物产生过敏反应。进入到这个周期时，初为人父、为人母的家长们通常会急着把清单上的食物划掉。我们认为，整个过程你完全可以按照自己步调和节奏进行。如果你觉得一种固体食物应该尝试一周，完全没有问题。这个过程没有任何时间限制。

迎接脏乱

孩子吃东西时肯定会把东西弄得很脏乱，尤其当小宝宝们已经开始敏捷地抓食物、把食物弄得满脸都是时。与其试图控制这种脏乱局面（但这是不可避免的），不如让孩子们"尽情探索吧"。对孩子们来说，这是一种感觉上的愉悦，而且这种愉悦的感觉可能会持续一段时间，这样你就有时间吃一些东西了。此外，你还需要给孩子们换身干净的衣服，将宝宝们身上的脏东西擦干净。

食物健康就好，不要考虑来源

有些人（像克里斯汀）很喜欢为宝宝亲手制作一些健康的食物，但是如果你觉得这是一项非常累人的家务，那么就去买一些回来吧，不要犹豫。下面为你提供了一些很好建议（包括几种主要的有机方法）。

如果宝宝感兴趣，让他尝尝餐桌上大人的食物

当你的小宝宝可以吃大人的食物时，你一定很开心吧。不用再准备那么多东西了，太棒啦！克里斯汀很早就发现劳罗总是想尝尝餐桌上其他人吃的东西，不管是早饭的燕麦碎粒还是晚饭的素食辣椒或意大利式烤面条。

鼓励宝宝独立用餐

我们之前提到了要迎接脏乱局面，这是促进孩子独立用餐的一个很重要的部分。你希望孩子主动探索生活的各个方面吗？那这就是帮助孩子逐渐独立，同时，解放父母双手的方法。让宝宝自己亲自动手，和自己的食物"玩耍"，将宝宝的餐具放在他的餐盘上，让他自己弄明白怎么使用。

我们曾拜访了几个家中有四个孩子的朋友。我的朋友看着劳罗（比她的双胞胎女儿年龄要小）正在自己拉衣服上的拉链（她的双胞胎女儿还不会做），说：

"哇！我们通常都是忙着帮孩子做事情，先是穿鞋子，然后是拉衣服上的拉链。看到你的女儿后我受到了启发，我觉得我也应该教孩子们做这些事情，这样我就解放了！"

在婉琳特开始正常吃饭时我也有同样的感觉。我每天都能保证好好喂她吃饭，但却忘了让她自己动手去吃。后来，当我看到一位朋友（他的孩子和我女儿同龄）在微博上贴出了她儿子用餐具自己吃饭的照片时才猛然想到：哎呀，这么长时间以来我一直太注重怎样让女儿将食物吃进肚子里，却忘了教她如何使用餐具自己吃饭。从那时起我开始在她的托盘里放好勺子和叉子，很快她就学会使用餐具自己吃饭了。那情景简直太美好了。

简化准备食物的过程能够为你留出空间去真正享受食物本身（以及享受与他人共同进餐的快乐）。在你为家人准备食物的时候要记住，不必每顿饭都营养均衡，甚至也不必餐餐可口（有些家庭故事正来源于做得很糟糕的食物），你要注重的是饮食的基本健康和适度，完全不要让批评的声音影响你的心情（对，说的就是你！）。

省时省力小贴士

　　吃饭构成了家庭生活中很大一部分内容，但吃饭这件事并不需要占用你整天的时间。我们邀请阿维娃·戈德法布来与大家分享自己喜欢的省时省力小贴士：

· 确保家中的餐具质量精良，并时常维护。一把好用的剪刀也会让切菜（蔬菜、青葱和其他食物）的工作变得轻松许多

· 让厨房井井有条。如果你明确地知道蔬菜在冰箱里的摆放位置，还能迅速找到黑豆和蝴蝶面在哪儿，那么准备晚餐的时间会大大缩短

· 在开始烹饪之前，一定要把厨房的操作台清理干净。清空洗碗机（或将此项任务分派给其他家庭成员），将所有的原料都拿出来。这样，做饭的过程就会较有条理，也会更迅速

· 在烹饪的时候，将所有的垃圾都装在一个靠近水池的小容器里，而不要每次都将其扔进垃圾桶。在烹饪结束后可以一次性将垃圾处理掉

·提前准备食物。在周二清扫厨房时就可以把周三晚上做饭需要的洋葱和辣椒提前切好；在为第二天的午餐准备胡萝卜时，可以多切几根为接下来的几天做好准备。这样，第二天的工作就会轻松不少

·打好提前量。在孩子吃早餐或做作业，或者当你在煲电饭煲的时候，不妨把下一餐需要准备的蔬菜切好，把烹饪用具和那些不易变质的原料都准备好

·在使用原料的同时把它们放好，这样清理工作就会容易许多。在你准备洗碗的时候，将所有要洗的餐具都堆在水池边，然后把洗碗机装好（大多数餐具不必漂洗），这样洗碗的工作就会占用更少的时间，还能够节约用水

13

庆典和度假：
麻烦少，乐趣多

极简主义育儿风格的精髓——一切只为卓越，该信条能够作为我们准备庆典、假日和旅行的原则。极简主义育儿给人的印象总是与凤毛麟角和实用主义相关，同时还有些避免铺张浪费的倾向。但是我们赋予了它完全不同的定义：尽享欢乐和团聚时光！从中你能够给予家人的最重要的礼物之一就是专属于你们的美好记忆。几年后，这些记忆将比整洁的房屋或是一千多美元更有意义。

帮家人赶走生活中的不快和压力也就获得了享受欢乐的机会。想想看：将时间和金钱节省下来去度假或是用来创造其他令人终生难忘的时刻，是一件多么令人开心的事啊！

我们主张在平时将时间投入到制造欢乐的家庭生活当中，同时我们也懂得特殊的场合能够带来更多意想不到的惊喜和期待。谁没参加过极尽奢华的生日聚会？面对邻居装饰得堪称完美的圣诞树谁能装作若无其事？在本章里，我们提供了大量关于聚会、节日和旅行的方案，我们的重点在于从中得到乐趣和深厚的情感。

生日聚会

效仿电视真人秀《奢华儿童聚会》是件简单的事情，大多数人更欣赏简单朴素的生日聚会。保证聚会预算不超支只是其中一方面。如果聚会筹备、策划等让你筋疲力尽，那么你就应该改变一下方案了。下面是一些简化生日聚会的方法。

准备属于你和孩子的聚会

在你购买生日蜡烛之前，想一下怎样能让你和孩子都觉得有趣。孩子才是聚会的贵宾，因此他的喜好才是创造独特又难忘回忆的重要部分，但只有你身负重任。

坦诚面对自己的动机

找出举办聚会的首要动机将会帮助你一切以聚会为中心。或许你会惊讶地发现举办聚会的目的更多是为了满足自己而不是孩子的需要。问问自己举办聚会的动机：

·是否是因为我喜欢举办派对（或许还有些）喜欢炫耀自己的娱乐技巧

·是否为了补偿自己童年缺失的经历

·是否因为其他人都在举办大型聚会并且邀请大家都去参加

通常来说我对生日的话题有点敏感。从小到大，我的兄弟姐妹和我从没有举办过可以邀请朋友的生日聚会，一方面因为我们家有九个孩子（有时更多，这取决于哪个亲戚和我们一起住），这样的环境人已经够多了；另一方面我们家的房子年久失修，再加上举办生日聚会要邀请很多孩子，可想而知这对我的父母来说又是一笔额外的费用。

尽管当时还小，我却已经能够明白其中的缘由了。但是我还是很渴望能够邀请很多朋友参加生日聚会，既是因为只参加别的孩子举办的聚会却无法邀请他们感到惭愧，也是因为朋友对我来说有着复杂的感觉，我在肤色和社会经济方面和大多数同龄孩子不同，我渴望他们的认同和友谊。

因此，劳罗的生日对我来说非常重要。我想为她庆祝，让她被朋友和家人包围，让她感觉她是被爱着的。她三岁之前的每次生日我都举办了大型派对，虽然不是什么奢华高级的聚会，但是由于我们有一个大家庭而且住在附近的孩子也很多，所以那些聚会有三四十人参加。

为了做出许多食物和大蛋糕我会把自己累得精疲力竭（我喜爱烘烤食品或许还有点炫耀的成分在里面。）。看到如此大型的生日聚会，尽管是当着深爱的家人和朋友的面，劳罗还是将脸埋在了我的肩膀上显得很不安。我终于能够坦诚面对自己举办聚会的动机，因为显然这样的聚会和劳罗的性格并不相符。

根据孩子的性格制定聚会计划

一旦你明确了自己的动机，你就会明白什么才是最重要的——孩子喜欢的就是最重要的。

从给劳罗办的第四个生日会开始，我决定不再像以前一样。我让劳罗自己决定，举办小型简单的聚会。她非常高兴，我们也很高兴。我不明白自己为什么没有早这么做，在她六岁生日那天，家里的烤箱坏了，我不能亲手烤蛋糕给她，于是我买了一个美味的蛋糕。我喜爱烘焙食物，却从没有在外面买过面包，这真是令人难以置信，那多省时间啊！

维奥利特一岁生日的时候，我的心态完全不同了。一部分原因是第二个孩子带来的自然放松的感觉，同时我也觉得从养育劳罗的经历中学到了很多。我们举办了一个小型简单的聚会，只邀请了直系亲属，聚会前我只准备了一些水果沙拉，做了一个蛋糕（不是特别高档，但很漂亮），布置了一些简单的装饰品。

那次聚会很像我小时候的聚会，我感觉很快乐。

每隔几年举办一次聚会

每个人都觉得自己的生日是独一无二的，但是没有规定说孩子每年都要举办一次隆重的生日聚会。家人团聚、简单的传统仪式、与朋友彻夜狂欢或是和一两个朋友外出游玩等和大型聚会都很特别。尤其是对（比如劳罗）大型聚会感到不适应的人更应如此。

筹备独立的庆典

如果你有一个大家庭，考虑筹备两场独立（但是要简单）的聚会来保持家庭成员的关系更加亲密。有一年，克里斯汀在同一周末准备了两场劳罗朋友和家人的聚会，她缩短了时间窗，这样就不会感觉整个周末时光都花在筹备聚会、举行聚会和会后收尾上了。她发现由于两次聚会时间紧凑，可以准备同样的点心、布置同样的装饰。

伊尔琳在极简主义育儿博客上留言：我从我的嫂子那学到了一条关于生日的经验——只准备"一个"蛋糕。如果我儿子的生日是周二，而他举办的朋友聚会是在同一周的周六，那么他唯一的生日蛋糕就用在周六的聚会上。他周二的生日我们会把蜡烛插在早餐的烤饼上（或是他要求的其他食物上面）。我不敢相信这么多年竟然每年我都准备两个蛋糕！

量力而为

如果你是一个天生的聚会策划者，那很棒！为孩子准备生日聚会是一件快乐的事，无须担心！但如果你不是这类人，那么在家中准备十二个五岁孩子的聚会会让你感到非常恐惧。无需内疚，尽管寻求帮助吧。

　　米拉喜爱游泳，在游泳池里她如鱼得水。我不是一个信心十足的游泳者，但当我把脚泡在水里时我感觉非常开心。当米拉说要在社区泳池里举办生日聚会时，我觉得很害怕。想到要监督那么多游泳初学者，我就更恐惧了。但是米拉很久都没有举办大型聚会了，所以我决定努力尝试一下。

　　瑞尔是一个游泳高手，所以我委托他负责监督泳池里的成年人。同时，我强烈反对垂直入水的方式，并让初学游泳孩子的父母穿上泳衣留下来协助他们。我确信有不止一位家长抱怨我的做法，但我仍然决定坚持自己的原则。如果我自己跳进泳池监督，同时还要负责蛋糕、礼物和其他聚会活动，那么我紧张不安的情绪可能会毁了整个聚会。最后，包括留下来游泳的父母在内的每个人都玩得很开心。

外包聚会

　　如果你想省去家中聚会前繁琐的准备工作，另一个好方法就是聚会外包，不需要去当地昂贵的比萨商场举办聚会。考虑一下下面的好创意：

　　卡拉在微博上留言：我两个女儿的生日分别在十月和六月，每年给她们过生日都是重复同样的事，邀请所有亲朋好友到当地公园举办聚会。我们带去果汁、瓶装饮用水、水果沙拉、迷你纸杯蛋糕和外送比萨。孩子们追逐嬉戏，大人们一起聊天，我们也不用在聚会后收拾房间，既轻松又有趣。

艾莎在微博上留言：我有四个孩子，自从有了第一个孩子我很快就明白了"物以稀为贵"的意思。现在每年我都问他们生日的时候想做什么，我们把生日变成了家庭的共同事物。在我儿子泰森八岁生日时，我们问他想要什么的，他说只要是关于科学方面就可以。我们会去他选的餐厅（只要不是太贵），之后带他去参观科学博物馆。他从未如此开心，我们看到他的反应也觉得非常开心。

举办开放的邻里聚会

如果你居住的环境周围有许多孩子，那么为他们举办聚会吧。

琳在微博上留言：在我们芝加哥街区，家长们提出了"邻里生日"的主意。我们将印有日期和时间的传单发出去，家长和孩子们就会来到过生日的孩子家里的前院里一起吃蛋糕。我们在门廊的台阶上为孩子拍下一组组照片，然后聚会结束。全部流程大约花费一小时，没有（或有很少的）礼物，家长们都来做客，不同年龄段的孩子都很开心。我们用这些门廊上拍下的照片记录孩子成长过程中的美好时刻，所有邻居大约二十年来都是这么做的。

极简主义生日聚会技巧

一旦你决定了将要举办的聚会形式，有许多简化聚会程序的方式。

理性决定邀请客人的数量

一个普遍法则是根据孩子的年龄决定邀请客人的数量。但是一旦孩子上学了，不可能每次都邀请全班同学参加聚会。如果你有精力举办一场全班型的聚会，那当然好。解决办法就是在校外发邀请函，并告诉孩子慎重决定参加聚会的人选。

简化邀请函

打印或手写的邀请函很可爱，如果你和孩子喜欢自己做就好。对于其他人，通过电子邮件，电子请柬或无纸邮报等方式既简单又快捷。

向客人要答复请帖，不用担心"掉队者"

事先知道将有多少人参加聚会是很方便的，尤其是当客人带着兄弟姐妹一起赴约时，但肯定会有些答复请帖由于孩子父母太忙而无法收到。准备一些多余的食物不要担心。

设定结束时间

时间较短的聚会总是会出错，要在邀请函上特别注明结束时间。由于孩子长大了，大多数家长会希望在聚会前把孩子带过来，等到结束时再把孩子带走。如果你想要一些成人助理，确保提前安排好。

降低食物期望值

聚会不一定要提供正餐，一些快餐和饮料，再加上生日蛋糕就已经足够了。如果你将聚会时间设定在午餐和晚餐之间，那么大家就会明白了。

简化装饰

你应该知道一些气球、彩带或纸球能够渲染节日气氛。事实上，用几分钟就能够制造引人注目的充满节日氛围的聚会环境，摆上些盘子、餐巾纸，一次性桌布和同色系的气球就可以了。

按乐趣多少排列事情

即使你的计划再简单，有时任务也会堆在一起。把你最感兴趣的事情提前做完，忽略其他事情。

劳罗喜欢制订计划，这一点像我。虽然给婉琳特周岁生日聚会的计划很简单，但是，在生日的前两天，劳罗居然说："我对自己要做的事情感到很紧张！"为此，我建议说：我们一起坐下来把要做的事项按重要性列个清单，只要没有遗漏就没有什么可担心的。

一切进行得很顺利，我们一致认为，烘烤这个环节最重要（我负责蛋糕，她负责饼干）。最终，全部事项——记录下来，包括买盆栽这样的差事。那一天，我们各有分工，蛋糕、饼干，一应俱全，一切都进行得非常顺利，感觉其乐无穷。

超越儿童互赠礼品包

我们喜欢儿童互赠礼品包所代表的慷慨精神，更关注的是通过聚会得到的收获。绝不是得到一些小摆件，看五分钟然后塞到抽屉里，怎样才能办一个做工艺品的活动，把成果作为聚会分别时的礼物？或是约一些小朋友来，拿出能吃、能玩的东西一起分享？还是在聚会时摄一组照片让每个参与者都能留存一套，这样是不是更好！

有一年，我们用飞盘作为生日蛋糕的托盘。聚会结束时，每位客人都分到一个飞盘，带回家后玩了整个一个夏天。还有一年，我们把学具封在袋里分发给大家，家长和孩子都很喜欢。

与朋友协作

你的孩子在过生日时有没有极为密切的好伙伴？团结就是力量！

劳罗在幼儿园时，与她的好朋友格雷斯生日只差一周，她们的朋友圈是共享的。为此，格雷斯的妈妈和我决定以联办生日的方式为友谊祝福。女孩子喜欢想象，做父母的当时已做好各种心理准备，也唯恐那一天有什么疏漏，但这种联合聚会无疑是一种创意，家长们事先做了分工。我们没有把心思放在工艺术品，因为那样做像是派对时的外卖，我们的做法是：把两个孩子的照片印在酥皮上，不仅是一个小摆件，而且还能吃。

毕业典礼和其他"里程碑"

童年阶段的各种成长仪式都是美妙的印记。毕业典礼、受戒仪式甚至是温馨的十六岁生日，个人背景和历史不同，每个场合的特殊意义也不尽相同。但是如果每次的成长转变都变成一场聚会的原因，这些事情的特殊意义将不复存在。

当你的孩子完成了学业或运动会的比赛，尤其是成功挑战了既定任务的时候，我们希望你不要克制自己，要去尽情地表达你们的自豪。你的支持与鼓励对他们来说非常重要，但孩子们更喜欢那些盛大而闪耀的聚会。他们因各种礼物和美食款待而感到满足，却忽略了真正的满足感其实来自他们的成就。

我们倡导极简主义育儿来维持每个里程碑的特殊意义。中学毕业典礼呢？值得好好庆祝一番。那么高中毕业典礼呢？不需要太多。拥抱或者奶昔就足够了。暑假才是最终的奖赏！

过节

过节本应该是有趣而意义深远的，然而现在许多家庭节日却变成了混乱的一段时间和过度期待。食品、装饰品、家庭动力、时间或金钱的压力……所有的一切都造成了那一天（或者是那个季节）的紧张。

但是，让我们一起重温那些时刻，然后思考一下造成假日紧张的因素都有哪些吧：

- 过多的宴会邀请
- 低俗的装扮
- 节前的购物
- 做"合适"的食品并把它们完美地呈现在摆桌上
- 得体的衣着，不管是自制的服装还是华丽的晚礼服
- 家庭的期许
- 有限的资金
- 过多的暂住宾客
- 除非有足够的诱惑来庆祝节日否则就会担心过得不够"奇特"

这些所谓的"问题"真的值得你紧张吗？（跟着我说："不。"）

无论你的背景与传统是怎样，简单的过节方式将会令你重拾以往的快乐。不管是社区节日万圣节、满载美食和足球赛事的感恩节还是让人放松的圣诞节，把欢度这些节日的负担转变成一次次值得纪念的经历是很有可能的（是的，这样的事情真实存在）。

制订计划然后进行修改

制订一个计划，把最简的事先准备工作也纳入到计划之中，这样你会感到节日过得很特别。列出礼物收件人清单（在下一节里也包括礼物）、菜单、邻里间的大事表以及旅游计划，还有一些其他的事情，这些都要列入你的节日规划中。如此一来，不仅在执行前能直观看到你的计划所需，而且还能有效防止"节日项目蔓延"（随意添加很多要办的事）。

现在，看看你制出的清单。你觉得那种节日恐惧感还在增强吗？那么是时候修改一下啦。果断地把那些不必要的或是惹人厌的事情从清单中划掉。比如：若把节日房间里的灯都打开会是节日的良好开端，那就把它留在清单上，但如果这样会令人感到头疼，那就删掉。和自制万圣节服装一样，如果有趣，就去做，如果无聊，就放弃。

坚持传统

创立并坚持家族自己的传统既具逻辑性又对家族感情有益。

克里斯汀·勃兰特通过微博说：我老是在门厅前建托儿所，树木在"日光浴室"（一种有趣的描述小房间的方式）里生长，圣诞老人在地图抽屉里。圣诞节前夕的晚餐，我们有瑞典肉丸子，早餐有肉桂卷，然后圣诞节晚餐还有宝拉狄恩的简单站立式肋排烧烤。并非我不想尝试新玩意，而是诸如此类的传统既简单又能够减少压力。况且，它们已经成为孩子们之间约定俗成的东西了。

我们庆祝光明节，并且传统餐里有土豆烙饼（油炸的土豆薄煎饼）。每次我因为还没研制出更好的制作秘方而忘记准备或直接忽略那些土豆烙饼时，孩子们就会十分想念它们。有一年，我买了冷藏的土豆烙饼放在烤箱里加热。丈夫和我都能感觉到它和自制的不同，但我的孩子们却吃得和我亲手做的烙饼一样多。最后，仅仅是土豆烙饼就让光明节变得十分独特。

接纳不完美的事情

你要知道，节日杂志里展示的那些东西，的确让你的节日装饰和食品逊色了一点点（好吧，是很多）。但记住，那些杂志上的东西是专业团队花费了很长时间才创立和拍摄的，不完美是很好的。实际上，它也可以说是非常不错的。正是因为不完美才让那些节日时光变得更加真实、有趣且令人难以忘怀。用荷兰芹去装饰所有这也算是一种成功。

尽管不太熟练，但我很喜欢给孩子们做万圣节服装。我的秘诀？我从不缝制衣服，在我看来，做衣服更像是在做翻译而不仅仅是忠实的呈现而已。整个过程都是和孩子一起合作完成的。我们用的是穿过的衣服、化妆包里的物品、一把热熔胶枪、安全针还有布基胶带。有一年，我女儿的"太空靴"其实是由胶底运动鞋做成的，只是在外面包上了铝箔，但我们在制作过程中却玩得很开心。

重新考虑举办聚会

倘若你很喜欢开派对又不想在此过程中把自己搞得精疲力竭，那就要好好考虑下这个主办派对的想法了。要么彻底放松下来休息然后应邀去参加别人举办的聚会，要么就自己开派对，想办法简化食品和准备工作（或者索性做一顿家常便饭）来减少压力与损失。目的是和宴请的宾客们一起玩乐，而不是为了在厨房里忙活或者是在浴室里暗暗着急。大家来探望的是你这个人而不是来看你把诸多开胃食品收罗、准备得多么齐全。

让孩子们一起来帮忙

小孩子喜欢过节，那为什么不让他们也参与进来呢？毕竟，孩子们自己包装的礼物既小巧可爱又饱含真情实意，不比那些看起来不太规整的包装纸有意义得多吗？你的孩子主动去寻找一些节日工艺品来做装饰吗？那是一件有趣的、既能为装扮节日服务又能让他们忙活起来的事情，这样你就可以做其他准备工作啦。当然，孩子们也可以帮你做饭或者是准备礼物。

要开心，不要比较

要做到节日期间不去比较是很不容易的，这是事实，但为什么要那样呢？遵循自己的风格，走自己的路，你会收获更多的快乐。这样，你不仅会在节日里过得愉悦，而且能够更加理解他人。

在某个节日季节，感恩节刚过，我们就收到了第一份节日贺卡，这吓了我一跳。郁闷的是我已经收到了人家的卡片，而我的将会迟到（因为我是一名美术设计师所以就感到格外的愧疚）。我站在那儿，努力地想自己的作品，估摸着在那周是否还有时间完成卡片的设计时，乔恩问道："接受别人的祝福就行啦，你为什么非要把它看成是一种缺憾呢？"

这个观点的确让我困惑。整个假日的重点是亲朋好友之间的相聚，而不是简单地走一下过场，所以这年的三月我们仅仅送出了我们的假日贺卡（作为春天的问候），那些贺卡是我们精心制作的，带着我们最诚挚的祝福被送出去。你知道吗？他们非常高兴，因为人们喜欢在节日季节之外的时间里收到私人邮件。

保证旅行的合理性

如果你的大家庭住在很偏远的地方，尽量把旅行准备重点放在使你和你的家人觉得有意义的事情上，而并不是为了让每个人都满意。在假期中，琐碎的小事并不值得你耗费那么多的财力和精力。如果假日旅行时间太长或花费过多，要考虑养成每隔一年出行一次的习惯。

把"家庭动力学"作为行李的一部分

保持家庭充满活力实在是太难了，这在旅行中会更难。我们希望跟自己的大家庭保持快乐和谐的关系，但有时，一些之前的矛盾就会浮出水面。尽量记住：你的家庭正处于变化之中，并且你仅仅能掌控你自己的行为和反应。

所有的家庭在假日里似乎都会承受压力，但是在我的家庭里，不协调因素正在以极快的速度增长。我的医生曾告诉我这样一种理念：我可能不赞同某人的行为举止，但我的工作不是改变这个人（事实上，就算是我想这样做，也不可能成功地把它完成），反之，我最应该做的其实是找出改变自己态度的方法来减少甚至消除这些压力。

我确实已经把这些话放在心底了。尤其是在一段有裂痕的关系中，我会尽自己最大的努力去理解他人，并且接受我们此刻所处的关系状态。我无法改变别人的行为习惯，所以，我只需要把自己的关注点移向那些有助于我们关系稳定而非破坏感情的方面。

善待自己

你和你的家人应该享受假日的愉快。你们已经在事业、家庭和抚养孩子上付出了太多地心血，现在你们应该让自己稍作休息了。去参加那些你想见到的人的聚会，婉言拒绝那些你不想的聚会。保持朴素简单的装饰风格和饮食习惯，让你的另一半去把假期变得与众不同吧。做那些并且只做那些能让你和你的家人在旅行中感觉快乐的事，然后坐下来喝点蛋奶酒让自己放松下来。

有所节制而非一味地慷慨大方

崇尚极简主义育儿的父母喜欢赠送和接收礼物，但是没有必要给每个侄子、侄女、邻居、办公室同事和学校的职工赠送礼物。下面我们给出一些建议，让你既能够管理好赠送礼物这件事又能同时表达出你的关爱和慷慨。

制订计划并且做出预算

特别是在节假日期间，礼物的购买有时会让你失去节制。提前做好预算，根据以上描述的"制订假日计划并且写下来修改"的小技巧列一个购物清单。列表上不必写那些"应该"买的东西。做预算之前考虑使用现金编制预算方法，这样能避免过量购买礼物，这一方法，在第六章中杰西卡曾和你分享。

缩减花销

如果你有一个大家庭的话，最好是预先设定些参数。当孩子们一涌而来的时候，克里斯汀和她的兄弟姐妹们决定不再交换礼物，而是把注意力转移到一起玩耍的快乐时光上。小件的具有象征意义的礼物（例如：自制的小物品）就可以，有包装的礼物要为上一代或者老一辈们保留（在韩国文化中这象征着对人的尊敬）。这种方法能为整个家庭减轻压力，减少假期里不必要的花费。

礼物的可用性

你不能错误地对待那些可用的礼物，不管是孩子为你绘成的可爱的咖啡杯，还是自制的手工品如调料瓶、饼干罐子和烘烤食物。

利用现有资源

在家里你是一个满怀热情的艺术大师吗？把工艺图转变成礼物（给它镶一个并不昂贵的框架使其更加美观），还有另外一个办法：把各种各样的工艺图片收集成一沓，在其中一侧打上两个或三个小洞，然后用丝带串起来做成漂亮而又饱含真情的工艺薄。你的家人们一定会喜欢这些小礼物的，与此同时，你的屋子也会因为这些工艺图的移出而更加整洁有序。

以亲身经历作为赠送

不论是一张演出的入场券，博物馆的会员身份，还是和亲人的一次彻夜狂欢，亲身经历这份礼物不会给你的生活带来不必要的困扰，而且还可能创造永不褪色的回忆。这些礼物不需要花费太多的金钱，尤其是对那些经济能力有限的人来说，在公立学校、大学、教堂或社区艺术团里看一些价格低廉的演出就足够了。如果你的家人问你想给孩子什么作为礼物，你就可以说时间礼物，甚至仅仅是一两个小时的陪伴，就是一件极美妙的事情。

赠送那些能给人深远影响的礼物

赠送给别人一件能带来深远影响力的礼物，而不是简单地买一个当下最流行的娃娃。书是理想的礼物，因为当孩子们长大到不再需要它们的时候，他们就可以把这些书送给其他的小朋友或者捐赠给当地图书馆。工艺品供人们在闲暇时间里把玩，同时也能激起人的灵感。棋类游戏把家人和朋友聚在一起。运动装备和音乐让人运动起来，还能鼓舞人心。

不买包装纸

用孩子小时候玩过的工艺纸、报纸、厚纸板或者普通的牛皮纸包装礼物，再用纱线装饰一下。阿萨的家人在包装纸上画上绸带，并且会贴上带有"冷冻的莴苣"和"袜子的一生"的搞笑标签。

做仁爱者

给孩子不断灌输仁爱的思想有助于让孩子更好地认识外部世界。

伊莎贝·卡尔曼通过微博留言：

自愿主动地与家人在食品储藏室里工作。你假期购物的时候会选择能给慈善机构捐助的网站吗？积极主动地支持慈善组织，为那些支付不起跟家人共同度假费用的人贡献自己的一份力量。

支持当地经济发展

网上购物是非常便利的，而且还支持当地的经济发展。无论是亲自在当地商店购物，还是在网上购买当地产品作为礼物，你都应该养成一个购买旅行地商品的习惯，以更好地支持当地经济的发展。

礼物转送

精心挑选出极富个性和创造性的包装会把二手的东西变得精美。二手的高档产品作为礼物也可以。克里斯汀二手宝贝秀恰好验证了这一点（内容详见第四章）。要是礼物接受者懂得这个道理就再好不过了。

最近我朋友生了个孩子，所以我想给她邮个爱心包裹。因为我知道她喜欢婴儿物品，而我有个极好的婴儿车但婉琳特并不喜欢。所以我马上发了封电子邮件问她是否喜欢一个用过的婴儿车，她爽快地说"喜欢"。

适时整理

我们都喜欢礼物，除非你坚持"随时处理"，否则不可避免的是（逐渐地）礼物会到处都是。把生日和节日（任何会收到礼物的时间）当做一次清理物品的好时机。

赠人玫瑰，手留余香

当孩子们知道送礼物能给别人带来快乐，他们就更加慷慨了。生日和节日是教会孩子"赠人玫瑰，手留余香"这一道理的好时机。

苏珊通过微博说：我告诉女儿，在圣诞节前夕，圣诞老人会来玩，他会送来新玩具，也会带走一些旧玩具，因为这个捣蛋鬼能修理它们，而且他想把它们送给没收到圣诞礼物的孩子们。

女儿卖力地整理着以前玩过的玩具，其中也包括她喜欢的一些，她告诉我们，这些没收到礼物的孩子比她更需要那些玩具。在12月26号，奶奶要去当地的妇女救济所，女儿就把自己的许多礼物放在了奶奶的旅行箱里，送给那里的孩子。

与其丢掉不如送人

如果你觉得不想要那些礼物，听听网站社区人员的建议：与其等着把礼物送到垃圾回收处，不如把它们捐出去。

接触世界：度假和旅行

有趣的家庭旅行。这是个矛盾的说法？我们不这样认为。家庭旅行中没有人喜欢在飞机上带个吵吵闹闹的小孩。但是，旅行可以让你的孩子感受这个世界，让他走出温室去外边呼吸新鲜空气。短短的假期时间甚至可以成为增强家庭和睦和感情的好机会，同时还能够学到很多新东西，享受到其中的乐趣。

重要的是给你的孩子提供一个更广阔的世界可以让孩子将来变得更优秀。当孩子年幼的时候，便给他们开拓一个广阔的视野，他们日后也将受益匪浅。下面我们将和你们分享如何把旅行纳入极简主义育儿的家庭生活中，还有我们在增加快乐记忆的同时减少假期烦扰的策略。

用财有道

难道你真的不能翘几天班把周末变成小假期？不能省出点钱，放入你的旅行费里？别再把过去常说的"工作忙"、"花费高"当借口。把工作分给同事一部分，或迟点完成，吃一个月的自带午餐，把省下的钱当做某一天不上班的工资。在第六章中我们讲了支出和投资的问题。如果旅行对你的家庭很重要，那么这就是该花的。

我很幸运工作日程很灵活，同时我也解决了金钱上的困难，这样我就可以带孩子出去走走。我们快乐的旅行回忆里并没有异国风情、豪华的宾馆，简简单单，只是炎热的时候，在我表姐家的游泳池里嬉闹，而我只需花个汽油钱。

旅游新想法

有时，一个可行性高的度假计划需首先反复考虑其组成内容。旅行，不需要昂贵的消费，很多时候它无关乎最终的目的地却只在乎彼此共度的时光。

我小时候，坐飞机旅行对于我们九口之家而言几乎是不可能的，一方面是因为经济条件，另一方面是父母忙于经营小店。但也有那么两年我们全家曾去科德角过周末。我们挤进了一辆两种颜色相间的货车，满怀兴奋地预想着远离家里繁琐事务和小店事物的美妙时光。那几次的旅行如今仍记忆犹新，我从未见过我的父母那么他放松。那些旅行不算奇特，却令我们很快乐。

乔恩和我都为能和这些女孩儿们一起度假而倍感庆幸。对于旅行，我们从不过度却也能每年代表性地出去几次，不管是周末去科德角或缅因州的自驾游还是坐飞机的长途旅行。但老实说，我丝毫不在意去的是哪儿，也不在意它的目的地或其旅行路线；我只在乎一家人在一起的时间。

如果离家旅行不能够实现，那么仍然有很多方式可以替代它。例如：

·去了解你的街坊。参观一下邻居新开的冰淇淋店。去二轮电影院如何？调查下当地事件表并充分利用好你的所在地所能提供的乐趣

·活跃起来。骑车、散步或远足。假如你的孩子已经不用你时时刻刻地照看，那再没有什么能比走出车中更快乐了

·考虑当地的旅馆。若你既想换换环境又想能支付得了的话，可以考虑在当地的快捷旅馆住个一两晚，还可随时欣赏周边景色。查看下旅馆周围有无适合家庭的项目：许多大旅馆会提供儿童俱乐部项目和活动。

准备和打包

你明确了自己将去何方，那么下个工作便是打包前往。以下为你提供了一些极简主义育儿旅行的技巧以帮助你准备。

目的地准备

事先租赁或借用一些旅行物品（如：利用宾馆提供的栏目信息）以节省打包空间（还能省些力气）。选择那种带有小厨房的旅馆或者起码有个冰箱可储存易腐物品的旅馆寄宿，既省钱又能"在家"吃饭。套房或附有邻室的旅馆能免去你一旦孩子们睡觉了就不得不小心地做事的后顾之忧。

打包技巧

下面提供了一些托运行李的技巧以帮助你旅行成功。

混合打包与搭配基础物品

打包物品应舍弃衣柜中的大多衣物，你可以反复穿戴或者重新设计搭配，来帮助你节省更多的空间。

限制包裹数量

行李剩余空间越少，可填充空间也就越少。如果可以，你应以一个行李箱、一个随身包为目标。请铭记：你仅仅有两只手，却还有其他工具（如：婴儿车）要携带（要知道学龄前儿童只能拿他们自己的包）。

想想旧式教育

带着基本必需品（如：一辆紧凑的婴儿车）并且跳过你父母一辈从不关心的那些琐碎的东西（如：快活椅还有许多玩具）。你的孩子一定会从新环境中找到很多能让他们玩得不亦乐乎的东西。

堆积和打包

为了节省空间，请将你所有的衣服（如：衬衫、裤子）分门别类地放在一起，之后折叠成一半。放在一起折叠而不是单独地折叠，这样既省空间又可防止褶皱。

在目的地洗衣服

在旅途中尽量带极少的衣物，并且经常洗衣服。在度假中洗衣服看起来像是懒汉在做家务，但它的确意味着当你返回到家时会少洗很多脏衣服。

有所准备

在你的行李箱里，为孩子带一件额外的全套服装并且为自己准备一件备用T恤（因为你不知道是否会有意外情况发生），而且，带些零食，一定要备些小零食！

目的地

你已经计划好，也打点好了行李，并且你的旅程已经开始了。恭喜你！我们为你感到非常高兴，现在，迈开你的脚步尽情享受吧！

短暂休息

电子游戏或许可以帮你度过旅途时光，但是现在你已经到达了目的地，收起你的电子设备（除了照相机），去找孩子们和成年伙伴吧。当不可避免的中间时间被电子游戏和手机刷屏占据时，你就会失去与他人交流和欣赏周围美景的机会。在阿萨与丈夫建立这个旅游规则时，一开始大家是抗议的，但是现在孩子们的赞同让这次度假变得更加有趣。

避免度假时间安排过量

把你想要在目的地看到的一切事物都放到你的期待中去。列出最吸引你参观的地方，之后，让它成为每个人都向往的地方。你知道，当再一次来这里参观时，你会看到更多。

在乔恩和我第一次去英国时，我们选择睡到自然醒然后跟着自己的感觉去游览那些我们之前就一直想去的地方。每天早晨，我们都会看一遍旅行指南，并且根据我们的体力状况和兴致决定这一天我们要做什么，没有固定的旅游路线真的让人非常愉快。在进行家庭旅行时，我们也使用同样的方法（芳罗总是会对我们的决定起到很大的作用）。旅行时就应当做一些有趣的事情，而不是简单地划掉旅行清单上我们列出来的一个个景点。

不要打乱作息时间

一般来说，保持相对固定的作息时间对孩子来说是很好的，但是在旅行的时候，特别是大家都有时差感时，保持固定的作息时间对你自己来说是容易的。小孩子在陌生的地方总是很难入睡，因此他们可能会比平常睡得晚，或者是在车上睡觉，或者是在手推车里睡觉，或者他们早早就上床睡觉了。在旅途中，你很难控制旅游日程表里的所有事情，所以一定要给自己疏减压力。

感受新体验

用不同的方式旅行使你和你的孩子们打开心扉，这是你在日常生活和家庭琐事中无法体会到的。你有机会发掘新热情，打破旧习惯。在你的家人中找到你可能从来都不了解的其他方面的东西。

在最近的一次去夏威夷的旅行中，我们跟孩子们一起玩无水肺潜水（一种浅滩潜水或无水肺潜水允许初学者在水底借助氧气瓶呼吸）。进一步来说，我们是在让孩子冒险，因为这其中有体力挑战。但是当山姆从水里上来时，他迫切而兴奋地说："这是我的新爱好，有没有人要玩我的电子游戏？"虽然他的想法可能是不太现实的，但他的热情是真的。他现在正在研究怎样才能得到无水肺潜水资格证书。

特殊的时间、特别的假期和旅行，你确实可以做到"鱼和熊掌兼得"。把你的焦点放在那些能带给你快乐的事情上，你会惊讶地发现周围的一切，不论是你的同伴、食物还是你所处的环境都将会变得更加精彩。

14 做简约的自己

本章作为本书的结束章节是有其原因的。大多数情况下，一本书的最后一个章节通常是最重要的（如果你还一直跟随着本书思路的话）。但是我们的目的是：当你合上这本书时，你能记住的最后一件事情是关心自己，因为你自己才是你生命中最重要的那个人。

我们都听说过那个令人厌倦的说法，"先顾自己"。理论上讲，这种说法还是言之有理的。但是，抽出时间做自己的事，更重要的是，发自内心地告诉自己，"我有权利支配这段时间"，总是说起来容易做起来难。不仅是因为时间、金钱和心理能力上的束缚，母性与痛苦、牺牲之间确实存在文化上的联系。假想自己对这种压力有免疫能力是十分不现实的。

有了宝宝后，你的优先考虑会自然而然发生变化。但这并不意味着你生命中已经没有自己的位置。我们并不是建议你回到昔日那种无忧无虑的日子，也不是让你在酒吧度过疯狂的夜晚。现在的你，是一个与往日不同的、多面的你，因为你已经为人妻、为人母了，你需要花时间了解并庆祝这个崭新的、有光辉色彩的自己。

关心自己并不自私

当你善待自己时，"仁爱"的涓涓细流就会流淌到你和另一半、孩子、朋友以及身边其他人的身上，就像是一个美好的光圈。

你的行为影响他人

照顾他人的能力直接影响一个人的活力和幸福感。一次足疗并不会帮助你成为更好的母亲。一个快乐的、被爱滋养的人一定有很多东西可以和大家一起分享。

孩子们看在眼里

孩子们并不是对外界充耳不闻。他们对大人的关注真是捉摸不定。孩子们会意识到你的疲惫并做出相应的举动（和反应）。有些孩子喜欢做些事情吸引你的注意力，还有些孩子会减少自己的需求，学会自己照顾自己。能让孩子们看到家长们犯错误的一面，全面地还原家长丰满的性格（而不是完美的形象）是很有好处的。与此同时，也要让孩子们相信，你具备解决基本问题的能力，这样他们才能专心于自己的成长。家长们的自我关心会给孩子树立一个很好的榜样，教诲他们关心自己和关心他人之间的关系。

你已经准备好了

在本书的开篇章节，我们谈论了"许可"的理念。即是时候走出日复一日的繁重劳动，找出适合自己家庭的方法。你正在清理房间中以及情绪上的杂物。你已经在自己的生命中营造了空间（或者当你放下这本书时，你就立刻享有了自己的空间），是时候允许自己成为生活的重心。照顾自己并不意味着放纵自己或自私自利，而是圆满生活的一个至关重要的组成部分。

将自己重新放在"优先清单"上

我们非常希望能够将这一章和"连续一周享受温泉！"章节一同从本书中删减掉，但是那太不现实了。同样，突然一周中有五天在健身房中锻炼，花200美元买化妆品，或每天晚上沉思一个小时都是同样不切实际。我们更愿意将关心自己视为一种习惯和态度，培养出一种不仅仅是简简单单"做"的事情。

当你处理家庭需求和工作需求之间的关系时，想找到一些自己的私人空间简直是异想天开。这点我们完全能够理解。我们也曾经历同样的事情，而且很可能就在昨天。在你正在迈向全新的"自己"的过程中，尝试一下下面的策略。

从小事做起

制订宏伟的目标确实很吸引人，但是从小事做起，你更有可能走向成功。克里斯汀曾在一本关于跑步的杂志上读到，跑步十分钟要胜于不跑步。这种理念引起了我们的共鸣，难道我们连花十分钟跑步，将一天中的十分钟交给自己的权利都没有了吗？毫无疑问，我们应该享有这种私人时光。制定目标时，着眼于这十分钟的跑步时间，并以此作为起点。

将"关心自己"放到日程中

这个方法非常适合那些严格按照任务清单和日程安排做事的人（希望你能够听取我们在本书第二章中所讲的内容并以此要求自己）。将"关心自己"放到日复一日的任务清单上（如果你想知道具体应包含哪些内容，请继续阅读）。当你一项项完成，并将其从清单上划掉时，你会觉得十分开心。

聚焦现在

一开始，总是很难静下心来享受自己的时光，因为想让一个人忽略工作和家庭而全神贯注地关心自己是十分困难的。但是请你认真体会，当你"一时专一事"时，自己的内心是多么平静。当你将注意力集中于眼前的事情上时，你就会投入所有的精力、创造力。所以，如果你拥有了自己的十分钟（或更多），请将其他事情隔离，将注意力全部放在自己身上。

寻求帮助

当你不再想"掌控全局"时，你应该抓住机会，寻求帮助。现在就行动起来！寻求帮助并不是软弱的表现。这并不意味你没有能力做某件事情，这只是说明在那个时候，你只能选择放弃一些事情。你要欢迎其他人用一种截然不同的方法完成这件事，并欣然接受。

学会说"不"

我们希望本书的第三章可以说服你，让你相信向自己不想做的事情说"不"是一件不错的事情（不只是"不错"）。我们想再一次提醒你，因为人们很容易陷入一种陷阱，比如，当将锻炼的时间置于学校实习的志愿者时间之上时，人们常常会觉得自己十分自私。你有权支配自己的时间，不要总是默默地忽视自己。

你应该对"关心自己"下一个定义。当你逐渐习惯一个崭新的简约主义的生活时，你应该铭记于心的是，你才是自己生活中的"掌舵人"。让愉悦成为自己的目标，你值得拥有幸福，每天都如此。

健身：一步一步寻找自己的力量

是的，是的，锻炼身体。对身体和灵魂都好。体重控制策略的一部分。有助于心血管健康。健康人士的选择。政府鼓励全民健身。你也知道自己应该健身。

"健身"和"应该"有什么关系？我们更喜欢这种推理：健身是一件很快乐的事情，它可以很容易地融入我们的生活，增强我们的自信心，释放我们的能量。你的目标不需要是奥林匹克运动员、马拉松赛跑运动员、封面模特或是减去十五磅。你只需动起来，这就可以了。走路、跳舞、跑步、骑自行车、游泳、徒步旅行……哪一项运动都可以，只要你能从中感受到快乐。

健身的美在于你可以从任何感兴趣的地方开始，最终你都会朝着正确的方向保持强劲的动力。我们知道，报纸报道还有健康专家总是强调每周要锻炼多少天、每天要锻炼多少分钟。但是你也知道专家们在我们眼中的形象——他们很有帮助，但是他们过得并不是我们这样的生活。你应该自己决定如何开始、从哪个方面开始。这里，我们为你提供了一些简单的方法，帮助你乘上、继续停留或重返"健康的列车"。

锻炼十到十五分钟也是有价值的

继续沿承之前提到过的"着眼于小事"的观点，请记得，任何一点小小的努力都是伟大的。不要让"如果不能坚持完整的四十五分钟，锻炼就没有意义了"这种观点阻碍自己。

制定小的、切实可行的目标

如果制定目标可以激励你更加关心自己，那么就行动吧，但是一定要从小的目标开始。考虑一些宏伟的、长远的目标十分伟大，但是真正锻炼时，这种宏伟的目标就会让人望而却步。取而代之的是，制定一些小的目标，如"跑步十分钟"、"做五个俯卧撑"（像"健身教练"这样的健身应用会非常适合跑步初学者，因为他们需要这种具体的小目标）。你应该制定出符合自己的"小"目标。

通过社会媒体获得力量

通过社会媒体，既激励自己，又支持身边其他那些想要营造自我时间的朋友。说也奇怪，有一种方法非常鼓舞人心，那就是将自己决心跑步时的犹豫和磨磨蹭蹭和大家分享，这样就会有一大群人在微博上向你"咆哮"，使得你不得不立刻冲出房间。

将健身融入日常活动

有时找出时间锻炼的最好方法就是加速完成每日的日常活动。这可能和我们之前提到过的"一时专一事"观点相矛盾，但是有时这种方法十分有效。

上班期间，照顾孩子的时间有限，总是被一身的工作压得脱不开身。这时健身的最好方法就是将锻炼融入到我的日常活动中。我每天走着送婉琳特上学，算作热身，然后跑着回家，或者跑着去买东西，甚至参加商务会议时，也是跑着去跑着回来（很幸运的是，同事莫拉并不介意我参加集体讨论会时的一身汗味）。

我曾经半开玩笑似的写了一篇博客叫做《疯狂父母的锻炼方法》。其中，我描述了这样一个场景：我和孩子去杂货店购物时，我将车停在远处，将孩子放在手推车里，然后跑着去了商店入口。可能当时身边的其他人都觉得我是个疯子，但是我女儿非常喜欢那次"高速旅行"。整个过程我的心都跳得很快，我的速度还创了新纪录。

和朋友一起锻炼

和朋友约好，一起参加跑步、走路或健身课堂。一起报名参加跑步比赛吧！其他人会监督你，而你也会享受朋友相伴的美好时光（关心自己的另一个重要的组成部分）。

记录你的成就

你可以分享自己的健身进展，做成跑步报告，和其他人分享，互相激励。克里斯汀也喜欢跟踪记录自己的锻炼进程，也因此更加关注自己的饮食。

做好准备

如果瑜伽服不合身或穿旧了，那么当你做向下伸展动作时肯定会觉得不舒服。可爱俏皮也很重要。买一些质量好的服装，这样你运动起来才会更加安全、舒适。

改变日常生活

感觉厌倦了吗？别再走路了，试试骑自行车吧。参加Zumba课堂，将踏板舞放在一边。忽视身边的其他声音，尽情地去做自己想做的事情吧！你远比自己想象的要强大。

决定了，便坚持下去

有时，课堂是一个很好的激励者。希瑟通过微博说道："付费上课，你会更加重视这次课堂。"珍妮弗认为，父母应该向为孩子挑选益智班一样为自己挑选课堂。"我参加了自己喜欢的身体舞蹈课堂，我对它就像对儿子的空手道班和女儿的芭蕾舞班一样，我抓住了机会！"

管用就好

早上第一件事就是穿上健身服，把自己"赶出家门"（这样很恶劣？可能吧，但是很管用哦。）。

我有一个神奇有效的方法，可以督促我每天外出锻炼，那就是每天早上第一件事就是穿上健身服，锻炼一会儿再去洗澡。做什么锻炼都好。最近有一天，我本想跑步，但是总是因为接二连三的事情推迟。最终，我无法忍受了，就在人行道上来了一个十分钟的短跑，虽然我平时从不在下午很晚的时候跑步。在这之后洗一个澡真的是太舒服了。

风格：小改变，大影响

你的"风格"一定是你自己独有的。正如同你有自己的一套育儿方法，你自己而不是《时尚》杂志或时装店的顾客，决定哪种风格适合自己。

风格是"关心自己"的一个很重要的方面，即便你并不认为自己是时尚达人。我们都喜欢装扮自己，搭配服饰，或至少让自己整洁。无论你的风格是什么，一点小小的改变会对你的个人形象产生神奇的作用，而你又无需花费过多时间。这里为你提供了一些方法，希望你能从这里开始。

想让自己更美丽并不羞愧

这是一个很重要的观点。女性们总是受到这两种矛盾观点的攻击，"只关注外表十分肤浅"和"你应该渴望成为杂志里面的形象"。这可能会让人十分困惑，但是好消息是，这两种观点都是不正确的。你仍旧可以坚持自己的形象：聪明、有能力、神采奕奕……但是你无须顶着时尚的压力，疲惫地跟在时尚的身后。

整理橱柜和化妆柜

本书第五章提到的整理方法同样适用于你的橱柜和化妆柜。

很长一段时间，我的橱柜都"充满了希望"。我想要的东西总会有一天能合身。我喜欢的东西总有一天会再流行起来。买过后悔的衣服总有一天会不再后悔。进行橱柜"大检修"（将橱柜中所有东西都拿出来，分类，然后挑选出自已真正想留着的衣服）的观点让我招架不住，所以我决定采取更加循序渐进的方法：当我每天早上穿衣服的时候，将每件我随意抽出但是并不想穿的衣服都放在捐赠袋里。几周过后，我就有效地整理了橱柜，现在橱柜里的每件衣服都是我喜欢的。

找到最适合自己的风格

这一点你可能早就很清楚了，但是要知道，一件衣服可能适合身高六英尺的修长模特穿，穿在我们身上并不一定好看。但是，真的很想尝试一下啊！这个过程可能会经历一些尝试、犯一些错误（保留收据！），但要留心哪种风格最适合自己、让自己最舒服。将这种风格的服饰作为自己橱柜的"主心骨"。这并不是说你不应该尝试其他风格，但是我们应该建立自己风格的"基地"，并在预算允许的情况下探索"百变风格"。

逐渐形成自己的风格

每个人对自己风格的自信度不一样。或许你正在寻找自己的风格，翻阅各种各样的杂志和书籍，你的眼球自然会被吸引。和时尚的朋友去逛街，或者在能够免费提供咨询服务的百货商店购买衣服，这样能够帮助你改变自己的风格。

至少每周有那么几次不穿瑜伽服

如果不是在工作场所或特殊场合，你连续三天穿瑜伽服都没有什么大碍。但是想一下花十分钟（只需十分钟）改变一下自己感觉会不会不同呢。连衣裙或另一条裤子、一顶可爱的帽子和一条漂亮的项链就可以了。克里斯汀也是一个喜欢打扮的人，因为这是一件非常容易的事儿。配上耳钉或项链、一双凉鞋或平底鞋、一条可爱的腰带或一个可爱的包包，几分钟之内你就可以搞定这些事。

找到你衣柜中的空缺并及时补充

一旦你确定自己喜欢穿什么和哪些衣服会轻易磨损，列一张清单，记下你所需要的东西。把它放在随手可得的地方（这是你要做的事情的清单）。这样当你最喜欢的衣服打折时，你就可以"抓到"那些你所需要的衣服了。

用配饰给自己添彩

不喜欢衣柜里那些大胆的颜色和式样？是时候用配饰给自己添彩了。

虽然我喜欢时尚，但是我不喜欢购买那些轻易就被别人辨认出来的衣服。我更喜欢混搭的中性路线，然后用配饰增添色彩，给衣服添彩。我尤其喜欢用项链，或者包包、鞋子或腰带增加色彩，我还是红色唇膏的爱好者。

花点时间做做基本的梳理

大家总说现代的妈妈们都没有时间洗淋浴，这并不是真的。即便你非常累了，花几分钟在躺在床上之前洗个澡、梳梳头发也是值得的。

提前预约

如果你现在急需剪头发，现在就预约一个，即便是在三周之后才能够轮到你。剪头发这件事在你的日历上，你就可以把它加到日程表中。当你在美发厅剪完头发付款时，如果接待员问你是否要预约下一次，那就立刻预约吧。对于看牙医和看医生也是如此，要提前预约。当身体出现小毛病时，就预约医生，不要让这些小毛病成为需要昂贵医疗费用的大问题。

简约美容

我们喜欢莎拉·詹姆斯，因为她的美容方法非常实际。我们向她咨询了一下她最喜欢的可行的美容方案。

考虑自己的肤质

我曾盯着我的孩子们那完美光滑的皮肤怀念我自己的旧时光。但是事实是我们已经三四十岁了，我们的皮肤已经开始衰老了。细纹、皱纹、色素沉着过度、肤色不均，这都令人难过。但是，不要被各种各样的皮肤护理选择吓倒。皮肤护理并不可怕，也不需要花费很多时间。坚持一二三的套路：清洗、护理、保湿。使用柔和的洗面奶、用精华素或和去角质霜护理，然后保湿。

你怎样从那么多的皮肤护理选择中找到适合自己的呢？和你的朋友交流、浏览网上的评论、当你外出购物时拿一下护肤小样，这都能帮你找到适合自己的。但是我个人认为坚持简单的护理方法和健康的生活习惯就可以让皮肤变得最好。就像奥黛丽　赫本所说的那样："我相信开心的女孩一定是美丽的。"

五种面部必备品

我非常喜欢尝试新的脸妆，我也经常在一只脚已经踏出门时开始化妆。进行一次"脸妆游戏"是非常有意思的，这意味着你以一种崭新的真实的简简单单的样子去面对这个世界。对于忙个不停的妈妈们来说五种美容必备品是遮瑕霜、睫毛夹、睫毛膏、腮红和润唇膏。这五种必备品能够提升你的自然美，也能够掩饰你昨晚其实只睡了三个小时的事实。

易维护的头发

对于妈妈们来说，让头发既可爱又易于打理的关键是易维护的发型。我的意思是谁会有时间在大清早的时候花大把的时间在头发上（反正我不会！）。如果你的颧骨很高，为什么不做一个小仙子那样的别致发型呢？如果短发不是你的"菜"，最易于打理的发型就是披肩长发了。有层次的长发给了头发活动空间，长发也适合做成各种各样的盘发，例如顶髻和马尾辫，这些可以让你在匆忙之中扎好头发。

我的发型秘诀？我晚上洗头发之后，在头发还没有干的时候就把头发包成一个圆髻，然后上床睡觉，第二天早上当我打开发髻的时候头发顺滑自然，波浪也很有光泽。这非常节省时间。

放松：我们一起放松吧

我们似乎都忘了放松时间和空间的自我护理是重要的一方面。可以是短短的十分钟，看一本杂志、散散步、打毛衣、喝一杯茶或什么都不做。如果你有更长的放松时间，纵容一下自己吧，和好朋友聊天、看电影、尝试新鲜事物、睡觉或者培养新的兴趣爱好。

阿莉森通过极简主义育儿博客留言：我现在还做"成人"餐。我们吃各种各样的有益于身体的美食。如果我们的孩子喜欢美食就更好了（"我是恐龙！恐龙吃鲑鱼！"）。准备和享用美食感觉真的像是自己对自己的奖赏，尽管之后你还要清扫地板、整理弄乱的头发、洗衣服。

英格里德通过极简主义育儿博客留言：当我的女儿还很小的时候，如果我在她身边她就很难入睡，所以一周里有一两个晚上我会去图书馆，让她爸爸和她待在家里。有时候我在图书馆看书，有时候打毛衣、浏览杂志或带着自己的笔记本电脑上网，有时候我会拿着一杯拿铁咖啡浏览商店橱窗。现在我的孩子长大了，晚上很容易入睡了，但是我仍旧喜欢晚上的时候偶尔去一下图书馆。

极简育儿为你留出了体验生活的空间。让心情平静下来。让身体放松下来，深呼吸，享用美食。每次有空余时间的时候，你一定要抓住这段时光。

你和你的另一半

照顾好自己的好处之一是增进你和你的伴侣之间的关系。不断增长的自信心和平和的心境能够让你不再一触即发，还能够开启沟通对话之门。另外：你更加注重自己的外貌，这也许能够赢得更多欣赏和青睐的眼神。

但是我们都知道做父母很难，而你，像我们中的大多数人一样，可以增进爱情的浪漫。照顾自己的一部分其实是培养你们的关系，修复已经出现裂痕的关系和增进现有的关系。

避免恶化

人们表达情绪的方式不同，有些人会让情绪一泄而出，有些人会压制自己的情绪。和你的伴侣签订对话公约吧！当你把事情拿出来探讨而不是憋在心里时，你可以更迅速地化解尴尬的局面，消除误会。这样你可以省下来好多力气去做更有意义的事情。

如果你不能解决问题，寻求帮助

有时候真的是当局者迷。寻求咨询师的帮助不是关系脆弱的标志；它是力量的标志，这意味着你愿意为你们的关系投入时间和精力。让另一个人帮助你们，听听你们之间存在的问题，你可以把你的不高兴释放出来，这样你们之间就可以开始续写新的一段"故事"了。

把你自己的包袱扔到别处

已为人母的夫妻几乎没有时间像其他情侣那样享受二人世界。当克里斯汀为那些与家庭无关的事头疼时，她通常寻求朋友或咨询师的帮助，而不妨碍她和John约翰在一起的时间。

信任与支持

你和你的伴侣也许对如何解决某一问题（私人问题、专业问题或育儿问题）看法不同。但是只要你们所达到的效果是一样的，那就信任对方的能力和好意。

把"我们"时间置于首位

为了让一段关系持续（更好！），你需要抽出时间远离家庭生活的喧闹，认真听对方的话，和对方交谈。把夜晚约会写在日历上，即便一个月只有一次也很好。

试着时不时地和对方单独相处，即便是只有一个晚上。如果请保姆需要花费很多钱，那么考虑和朋友轮流照顾孩子或寻求家人的帮助吧。

蒂芙尼通过极简主义育儿博客：当孩子有人照顾时我们都喜欢一起旅游。我们一家人经常在一起，但是我和我的丈夫发现两个人一起旅游也很重要（不管是一个晚上还是两周）。我们时不时外出旅游还能帮助孩子培养自己的灵活性和独立意识，并告诉孩子他们的爸爸妈妈很相爱，喜欢一起度过时光。

为快乐留出更多的时间

当你有孩子以后，很简单就可以把你们两个人之间的关系变得易于管理——只有后勤工作，没有乐趣。把做家务的一些时间腾出来，用这段时间一起闲逛。

善意的小举动，巨大的影响

有时候最细微的举动能够获得最大的注意力。克里斯汀相信John约翰给她煮的咖啡尝起来更美味一些。所有这些小事情都提醒她去做一个更好的伴侣。

寻求帮助，尊重对方的要求并直接回应

寻求帮助很难，拒绝别人也很难。一方可以向另一方寻求帮助，而另一方有权利拒绝或答应，要相信即便是这样，两个人也都是想要帮助和支持对方的。

给对方思考的时间

在我们忙忙碌碌的生活中，总有很多惬意的有价值的事情可以让人们放慢脚步慢慢欣赏，不管是做杂务的时候还是一个人独自喝咖啡的时候。

尊重双方的角色

不管是你们两个人都在外工作，还是一个人工作另一个人在家带孩子，两种角色都非常重要并且值得尊重。《波士顿妈妈们》的贡献者普利亚（一个一周工作六十多个小时的律师，她的丈夫在家带孩子）向我们推荐了以下三点互相尊重的基本要素：

· 不要改变对方的育儿方法。时不时地纠正对方的育儿方法会给对方造成不安全感，也会让对方恼怒

· 细心听对方把话说完。双方都需要时间去发泄情绪，因为带着孩子，穿着休闲衣在公园里玩一整天也不是件容易的事儿

· 分享"第一"。如果爸爸或者妈妈看到了孩子的很多个"第一次"，要愉快地和另一方分享，并抽出时间让另一方也看到，不要让另一方因为错过而觉得愧疚或恼怒

你和你的社会圈子

最后，社区是在家庭之上的更大的生活圈儿。你的家人和朋友都以不同的方式影响着你。但是，你可以选择以怎样的方式（一对一或小群体）和你的朋友、家人共度时光，加深你们之间的感情。参与社区生活，可以丰富你的生活。逐步培养更广泛的社会圈子，你最后可以建立一个支持系统，让育儿变得更有趣。

在你所有的角色中，包括父母的角色，你依然是你自己，那个优秀的自己。极简育儿给你时间和空间去发掘你现在是谁，你将会成为谁。

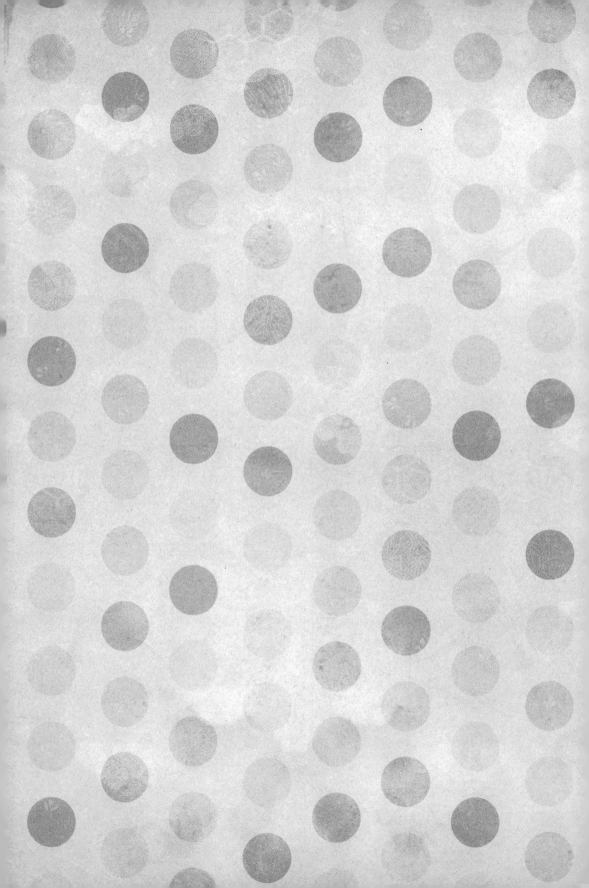